JN312346

改訂版
放射線のABC

公益社団法人
日本アイソトープ協会
Japan Radioisotope Association

はじめに

　放射線やアイソトープに興味や疑問をもっている方や、理科方面に関心の深い中学生、高校生達が抱く率直な疑問に、端的に答えることを改訂版の方針にしました。

　この方針に沿って、改訂版では、初版の各項目（節）はほとんど生かした形で、新しいデータを取り入れて、初版の項目を若干入れ替えたり、一部の項目は統合したり、新しく項目を起こしたりしました。特に１章および２章は初心者が抱く最も率直な質問として取り上げました。そのため、初版の「どこでも開いたページから楽しむ」、「興味を覚えてもらう」、「一通り目を通すだけで、放射線、アイソトープ利用の世界が見渡せる」とのユニークで貴重な方針に基づく編集が、やや、堅苦しくなった面があるかもしれません。しかし、「放射線のＡＢＣ」の役割は、初版同様に十分果たしていると考えています。

平成23年3月

改訂版 放射線のＡＢＣ編集委員会
委員長　森　千鶴夫

目　次

はじめに

1章　放射線って何ですか？ ……………………………………………… 1
1.1 放射線は人が身体で感じることはできません ……………………… 1
1.2 放射線は非常に速く走っています …………………………………… 2
1.3 放射線にはいくつかの種類があります ……………………………… 3

2章　アイソトープ、ラジオアイソトープって何ですか？ ……………… 5
2.1 アイソトープ（同位体） ……………………………………………… 5
2.2 放射線を出さないアイソトープ（安定同位体） …………………… 6
2.3 放射線を出すラジオアイソトープ（放射性同位体） ……………… 6
2.4 ラジオアイソトープの壊変の早さを示す半減期 …………………… 8
2.5 放射性物質と放射能、放射能の単位ベクレル ……………………… 10
2.6 同位体は化学的には同じようにふるまう …………………………… 11

3章　放射線のパイオニアたち ……………………………………………… 12
3.1 X線を発見したレントゲン博士 ……………………………………… 12
3.2 放射能を発見したベクレル博士 ……………………………………… 13
3.3 ラジウムを発見したキュリー夫妻 …………………………………… 13
3.4 アルファ線、ベータ線、ガンマ線の名づけ親ラザフォード博士 … 14
3.5 放射線研究、その後の発展 …………………………………………… 15

4章　身のまわりにある自然の放射線 ……………………………………… 16
4.1 空からやってくる宇宙線 ……………………………………………… 16
4.2 大地からやってくる放射線 …………………………………………… 17
　　●新幹線で東京から新大阪へ ………………………………………… 17
　　●三朝温泉で ……………………………………………………………… 18

4.3　ラジウムとラドン ……………………………………………………………… 19
　4.4　人体にもラジオアイソトープがある ………………………………………… 20

5章　人工の放射線はどこから来るの？ ……………………………………… 22
　5.1　X線管でX線を作る …………………………………………………………… 22
　5.2　人工的に放射線を作る加速器がある ………………………………………… 23
　5.3　人工的にラジオアイソトープを作る方法がある …………………………… 24
　　●原子炉でラジオアイソトープを作る ………………………………………… 24
　　●加速器でラジオアイソトープを作る ………………………………………… 25

6章　放射線・ラジオアイソトープはどんなところで
　　　　役に立っていますか？ ………………………………………………… 26
　6.1　X線で診断する ………………………………………………………………… 26
　6.2　放射能が短時間で消えるラジオアイソトープで診断する ………………… 28
　6.3　ラジオアイソトープで血液や尿を検査する ………………………………… 29
　6.4　がんを治療する ………………………………………………………………… 30
　6.5　物の内部を検査する …………………………………………………………… 31
　6.6　中身がどれだけ入っているかを知る ………………………………………… 31
　6.7　物の厚さを測る ………………………………………………………………… 32
　6.8　大気汚染を監視する …………………………………………………………… 33
　6.9　放射線をあてて作った製品が日常使われている …………………………… 34
　6.10　燃えにくい電線を作る ………………………………………………………… 35
　6.11　発泡ポリオレフィンを作る …………………………………………………… 35
　6.12　効率のよい塗装をする ………………………………………………………… 36
　6.13　医療用具などを滅菌する ……………………………………………………… 37
　6.14　食品の保存期間を長くする …………………………………………………… 38
　6.15　環境中の有害有機物を分析する ……………………………………………… 39
　6.16　元素の分析を楽にやってのける ……………………………………………… 39
　6.17　品種を改良する ………………………………………………………………… 40
　6.18　害虫を絶滅させる ……………………………………………………………… 41

 6.19　ラジオアイソトープで生命科学の研究をする ………………………… 42
 6.20　半減期を利用して年代を測定する ……………………………………… 43
 6.21　中性子で多くの種類の元素を高感度で分析する …………………… 44
 6.22　水や大気の動き、サケの回遊などを調べる ………………………… 45
 6.23　放射線利用の最先端と夢 ……………………………………………… 46

7章　人が放射線を受けると危険ですか？ ……………………………… 48
 7.1　受けた放射線の量をどう表すか？ …………………………………… 48
 7.2　外部被ばくと内部被ばく ……………………………………………… 49
 7.3　放射線の受け方が違うと影響も違ってくる ………………………… 50
 7.4　放射線の影響を分類すると …………………………………………… 51
 7.5　「しきい値のある影響」と「しきい値がないと仮定する影響」 …… 52
 7.6　一度に多量の放射線を受けて間もなく現れる影響 ………………… 55
 7.7　放射線を受けたのち長い年月が経ってから現れる影響 …………… 56
 7.8　子孫に現れる可能性のある影響 ……………………………………… 57
 7.9　放射線から身を守る立場からはどんな影響を問題にするのか？ … 58
 7.10　自然の放射線をどのくらい受けているのだろうか？ ……………… 59
 7.11　診断で受ける放射線の量はどのくらいだろうか？ ………………… 61

8章　放射線をみつけるには？ …………………………………………… 62
 8.1　放射線は簡単にみつけられる ………………………………………… 62
 8.2　放射線をどれだけ受けたかを測るにはどうするか？ ……………… 63
 8.3　環境の放射能をどうやって監視するのか？ ………………………… 65

9章　放射線を安全に使うルールは？ …………………………………… 66
 9.1　放射線を安全に使うために法律が定められている ………………… 66
 9.2　ＩＣＲＰの基本的な考え方 …………………………………………… 67
 9.3　被ばくの限度はどう決められているのか？ ………………………… 68
 9.4　許可、届出、検査などの制度がある ………………………………… 68
 9.5　放射線管理区域を設定する …………………………………………… 69

9.6 放射線取扱主任者を選任する ································· 69
9.7 放射線を安全に取り扱うためにいろいろなルールがある ············· 70
9.8 放射線施設の周辺に住む人々に対する義務 ······················ 71
9.9 放射性の廃棄物はどう処理されているか？ ······················ 72

10章　放射線をもっとさぐってみよう！ ····························· 73
10.1 大きい世界、小さい世界を眺めてみよう ························ 73
10.2 原子をのぞいてみると ···································· 74
10.3 原子の大きさは？ ······································· 74
10.4 原子核をのぞいてみると ·································· 75
10.5 原子核の中で陽子、中性子はくっつき合っている ················ 76
10.6 ラジオアイソトープとは？ ································ 76
10.7 アルファ線の正体は高速で動いているヘリウムの原子核である ······ 77
10.8 ベータ線の正体は高速で動いている電子である ·················· 78
10.9 原子核から陽電子が飛び出すこともある ······················ 79
10.10 陽電子は電子の反粒子である ······························ 80
10.11 ガンマ線の正体は電磁波である ···························· 80
10.12 電磁波とは？ ·· 82
10.13 放射線と放射能、放射性物質は違う ························· 83
10.14 放射線は物を通り抜ける能力を持っている ···················· 84
10.15 電離、励起とはどんなことか？ ···························· 85
10.16 放射線は電離や励起を起こす ······························ 86
10.17 放射線は蛍光物質を光らせる ······························ 87
10.18 放射線はフィルムを感光させる ···························· 87
10.19 放射線は化学変化を引き起こす ···························· 88
10.20 核分裂とは？ ·· 89

索　　引 ··· 90
編集後記 ··· 93

1章　放射線って何ですか？

1.1　放射線は人が身体で感じることはできません

　放射線は、原子よりもはるかに小さいので、人の感覚のもとになっている器官に直接影響(えいきょう)を与えることはできません。ですから、放射線は人が身体で感じることはできないのです。しかし、専用の測定器を使えば簡単に測れます。

見えざる　　聞こえざる　　匂わざる　　味わいえざる　　触れえざる

電子顕微鏡でも見えないほど
小さい放射線だけど、
測定器をうまく使えば、
見たり、聞いたり
できるんだって！

ピッピー！

1章　放射線って何ですか？

1.2　放射線は非常に速く走っています

　放射線は非常に速く動いています。光の速度、あるいはそれに近い速さです。速く走っているということは"エネルギーが大きい"ことを意味します。放射線の種類にもよりますが、放射線は非常に小さいために、物の中に入った場合には物を通り抜ける性質があり、また、エネルギーが大きいために、物の中の原子に変化を引き起こす性質があります。

　中性子線はエネルギーが比較的小さくても、他の原子核に変化を引き起こす独特の性質があり、放射線の仲間です。

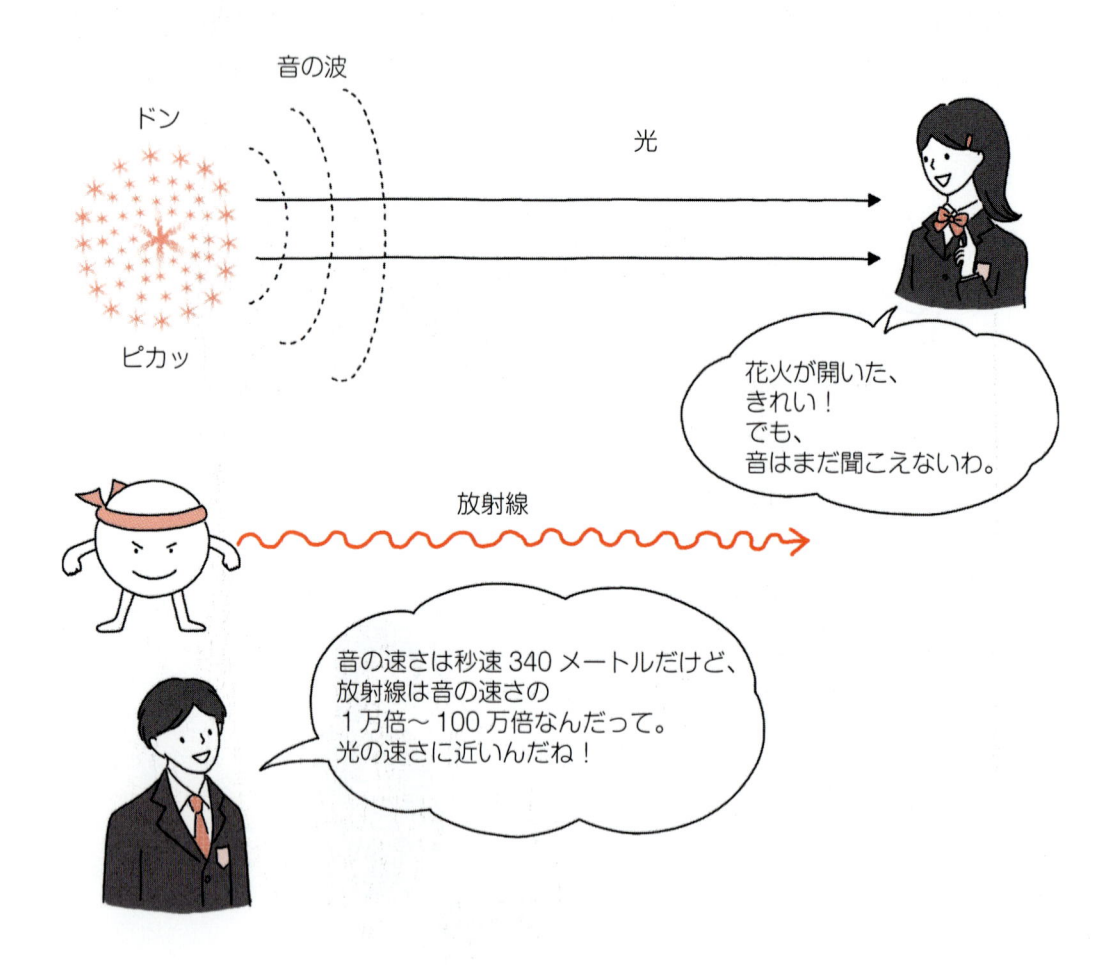

花火が開いた、きれい！でも、音はまだ聞こえないわ。

音の速さは秒速340メートルだけど、放射線は音の速さの1万倍〜100万倍なんだって。光の速さに近いんだね！

1.3　放射線にはいくつかの種類があります

放射線にはいろいろな分け方がありますが、大きく分けて次の3種類に分けられます。

A) 電波や光の仲間である**電磁波**：電波や光よりもずっと波長が短く、大きなエネルギーを持っています。これを**電磁波放射線**と呼びます。X線やガンマ線は電磁波放射線です。

　　物をよく通り抜けるので、医療や産業に大いに利用されています。

B) 非常に速く走っている電気を持った極めて小さな**粒子**：これを**荷電粒子放射線**と呼びます。電子線、ベータ線、アルファ線などがこの仲間です。物の中に入ると、原子を**電離**したり**励起**したりします（10章10.15参照）。

　　物質にさまざまな変化を起こすことができるので、医療や産業に大いに利用されています。

C) 電気を持っていない**中性粒子放射線**：**中性子線**はこの代表的な放射線です。

　　原子核の中へするすると入って行き、いろいろな面白い、大いに役に立つ現象を引き起こします。

1章　放射線って何ですか？

　地球の外からくる宇宙線(うちゅうせん)の中には、いろいろな種類の放射線が含まれています。また、とても大きな加速器(かそくき)を用いた実験で、珍しい粒子放射線が見つけられています。

主な放射線の種類

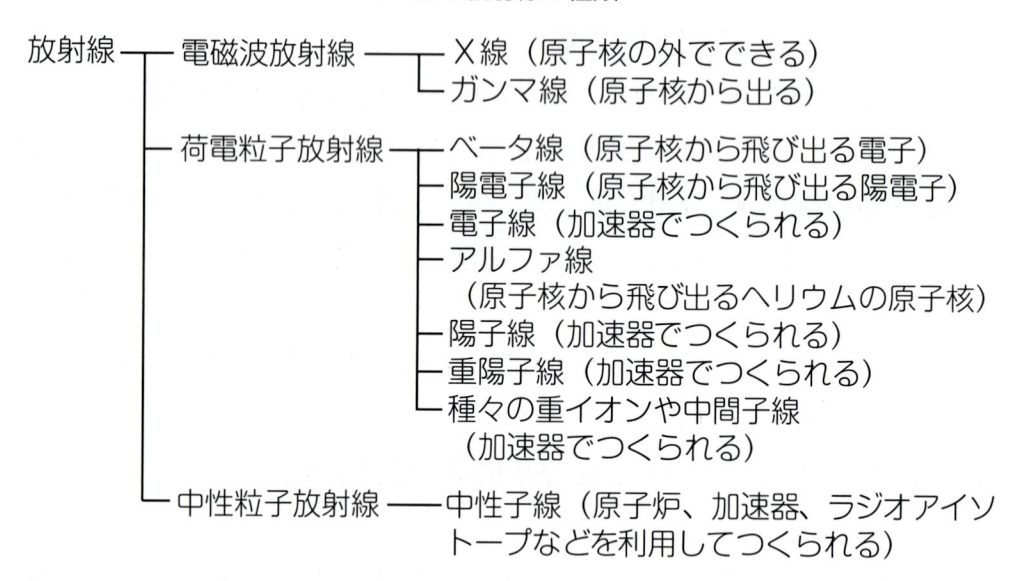

```
放射線 ─┬─ 電磁波放射線 ─┬─ X線（原子核の外でできる）
        │                └─ ガンマ線（原子核から出る）
        │
        ├─ 荷電粒子放射線 ─┬─ ベータ線（原子核から飛び出る電子）
        │                  ├─ 陽電子線（原子核から飛び出る陽電子）
        │                  ├─ 電子線（加速器でつくられる）
        │                  ├─ アルファ線
        │                  │   （原子核から飛び出るヘリウムの原子核）
        │                  ├─ 陽子線（加速器でつくられる）
        │                  ├─ 重陽子線（加速器でつくられる）
        │                  └─ 種々の重イオンや中間子線
        │                      （加速器でつくられる）
        │
        └─ 中性粒子放射線 ─── 中性子線（原子炉、加速器、ラジオアイソ
                                トープなどを利用してつくられる）
```

　アルファ線、ベータ線、ガンマ線という名前は、原子核から出てくる3種類の放射線に対して、ラザフォード博士（3章3.4参照）が名付けました。それらの本質は上の表のように、ガンマ線はX線と同じ電磁波(でんじは)放射線であり、ベータ線は電子線と同じです。また、アルファ線は原子核から飛び出るヘリウムの原子核です。

2章　アイソトープ、ラジオアイソトープって何ですか？

2.1 アイソトープ（同位体）

下の表は化学の周期表の2周期目までを示しています。表の左の最初の位置には水素（**元素記号H**）が入っていますが、この**同じ位置**に実は3種類の水素が入っています。**同じ**（アイソ：iso-＊）**位置**（トープ：tope＊）に入っているので、この3種類の水素は**同位体**（**アイソトープ**：isotope）と呼ばれます。このように全ての元素には、陽子の数は同じでも、中性子の数が異なる同位体があります。

周期表の一部

周期＼族	1	2	3	4	5	6	7	8
1	H 水素							He ヘリウム
2	Li リチウム	Be ベリリウム	B ホウ素	C 炭素	N チッソ	O 酸素	F フッ素	Ne ネオン

僕らはみんな水素の同位体だよ！
質量数で区別されるんだ！

● 電子
● 陽子
○ 中性子

H-1　H-2　H-3

＊ iso-、tope はギリシャ語

2.2 放射線を出さないアイソトープ（安定同位体）

同位体の中で、放射線を出さないものを**安定同位体**といいます。

水素の例でいえば、軽水素（H-1：または単にH）と重水素（H-2：²H）は安定同位体です。ほとんど全ての元素には安定同位体が1種類、あるいは数種類あります。

僕らは放射線を出さずに、安定しているんだ。

2.3 放射線を出すラジオアイソトープ（放射性同位体）

同位体の中で、放射線を出すものを**ラジオアイソトープ（放射性同位体）**と呼びます。ラジオ（Radio-）という言葉は"放射性の"という意味です。水素の例でいえば、**三重水素**（H-3：³H）はラジオアイソトープで、ベータ線を出してヘリウムに変わります。このように原子核が変わることを原子核の**壊変**と呼びます。原子核の変身ということもできるでしょう。

僕は近いうちに放射線を出して変身するよ！

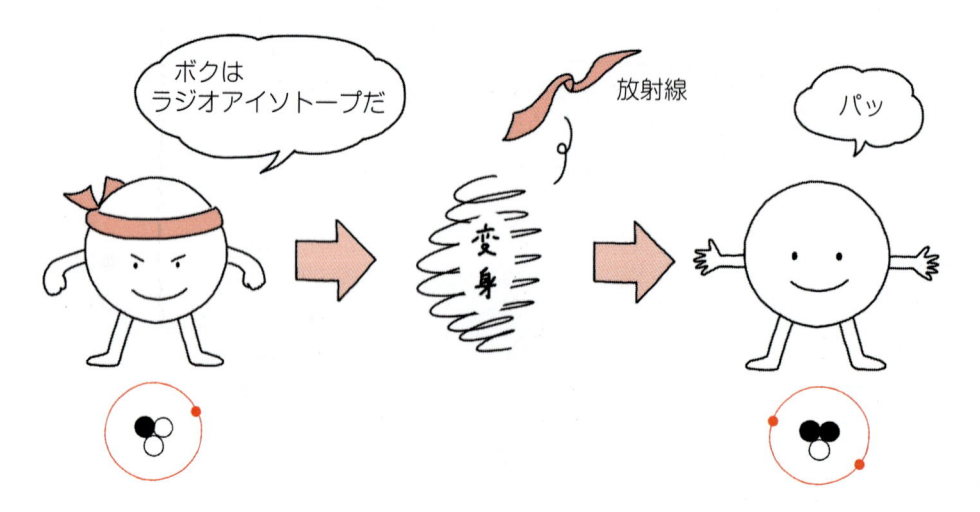

ボクはラジオアイソトープだ

放射線

変身

パッ

2章　アイソトープ、ラジオアイソトープって何ですか？

　すべての元素に、放射線を出すラジオアイソトープがあります。
　医療の分野で病気の診断などに非常によく使われているテクネチウム-99mというラジオアイソトープがあります。このテクネチウムという元素は変わった元素で、安定同位体がなく、すべて放射性同位体です。まさに、"放射線利用のために生まれてきた元素である" ということができます。
　日本では、ラジオアイソトープのことを、略して**アイソトープ**あるいは**RI**（アールアイ）と呼ぶことがあります。

> 鉄には安定同位体が4種類もあり、ラジオアイソトープが5種類もあるよ

> 白金はもっと多いらしいわよ

2.4 ラジオアイソトープの壊変の早さを示す半減期

前節で述べた**三重水素**（H-3：^{3}H）の原子が、例えばここに１万個あるとします。これらはベータ線を出してヘリウムに**壊変**（変身）するといいましたが、すべての原子が一度に変わるのではなく、だんだんと変って行き、12.3年経つと半分の５千個がヘリウムに変わっており、残りの５千個はまだ三重水素のままです。このようにラジオアイソトープの数が半分に減る期間を**半減期**といいます。それからさらに半減期（最初からは12.3×2＝24.6年）が経過すると、さらに半分の２千５百個になります。

変身が早いということは、ラジオアイソトープの数が早く減っていくということで、半減期は短いことになります。

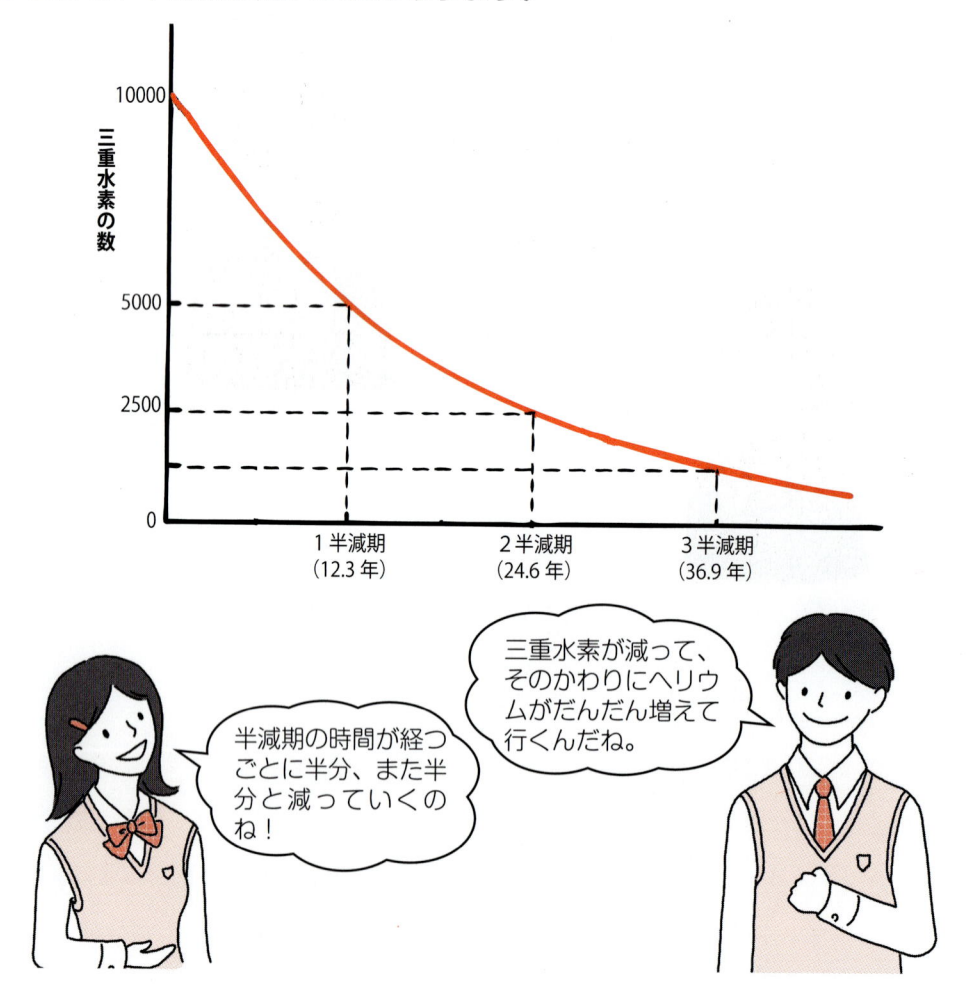

2章 アイソトープ、ラジオアイソトープって何ですか?

　半減期はラジオアイソトープの種類によって大きく異なり、1秒以下のものから百億年以上のものまでさまざまです。半減期を、温度や圧力などの通常の方法で人為的(じんいてき)に変えることはできません。

- ウラン238（44.7億年）:「ワシの半減期は地球の年齢ぐらい。長生きじゃろう。」
- カリウム40（12.8億年）:「ワタシも長生きよ」
- トリチウム（12.3年）:「ワタシは炭素14とともに薬の開発などにかかせないの」
- 炭素14（5730年）:「ワタシは、ものの古さを調べるのにも役立っているの」
- コバルト60（5.27年）:「ボクはガンマ線を出して働きます」
- ラドン222（3.8日）:「ワタシのお父さんはラジウム226。大地からでてきて、空気中に住んでいます」
- テクネチウム99m（6時間）:「ワタシは、病院での検査では大活躍しています」
- ラジウム226（1600年）:「ワタシはキュリー夫人が見つけてくれました」

2.5 放射性物質と放射能、放射能の単位ベクレル

放射性同位体を多く含んでいる物質を**放射性物質**といいます。放射性物質の中で放射性同位体が**1秒間**に**1個壊変**すれば、この物質の**放射能**は**1ベクレル（Bq）**であるといいます。この**放射能**の単位**ベクレル**は、3章3.2で述べるベクレル博士の業績にちなんだものです。

世の中ではときどき、放射性物質と放射能や放射線などが同じような意味に使われることがありますが、実際の意味は違います。

1秒間に1壊変＝1ベクレル（Bq）

> Bqのように人の名前からとった単位は、大文字の記号か大文字から始まる記号で表すんだって。

> そうなの。ワット（W）やボルト（V）などと同じだね。その人の業績に敬意をあらわしているのね。

> 放射線と放射能のちがいについては、10章の10.13を参照してください。

2.6 同位体は化学的には同じようにふるまう

　同位体は、陽子の数と電子の数が等しく、同じ元素ですから、化学的には同じ反応や動きをします。この性質を使って、ある元素の**ラジオアイソトープ（放射性同位体）**から出てくる放射線を外から測定したり、追跡したりすることによって、その元素の化学反応や動きを調べることができます。これを**トレーサ（追跡子）利用**といいます。**ヘヴェシー**という学者がこの方法を考案してノーベル賞を受賞しました。

ヘヴェシー君！
この鉛化合物の中から
放射線を出している
物質を
分離したまえ！

はい先生、
私も大変苦労しましたが、
この放射線は鉛の同位体から出ているので、分離できないことがわかりました。
そのかわり、
この性質を使ったトレーサ利用
という新しい方法を
思いつきました。

鉛化合物

（ラザフォード博士）

（ヘヴェシー）

3章　放射線のパイオニアたち

3.1 X線を発見したレントゲン博士

　1895年の11月、ドイツの**レントゲン博士**は、真空放電の実験をしていたとき、放電管の電極から、目には見えないが、物質を通り抜け、写真乾板を感光させたり、蛍光物質を光らせたりする不思議な性質をもった光線のようなものが出て来ることを発見しました。
　そして、この正体のわからないものをX線と名づけました。X線は人工の放射線です。

> どうして光るのだろう？

蛍光板

> X線は、現在、放射線とよばれるもののひとつだよ
> 放射線というものがあることを初めて人類に知らせたのがレントゲン博士で、1901年に最初のノーベル賞を受賞したんだ

3章 放射線のパイオニアたち

3.2 放射能を発見したベクレル博士

フランスの**ベクレル博士**は、蛍光物質を光にさらすと蛍光とともにX線も発生すると考え、実験をくり返しました。1896年2月のある日、黒い紙で覆った写真乾板の上に銅の十字架を置き、その上にウラン化合物の結晶を載せて太陽光に当てる実験をしようとしましたが、悪天候が続いたためそのまま机の引き出しの中にしまいました。数日後に乾板を現像してみると十字架の影がはっきりと写っていました。ウラン化合物が自然にX線に似たもの―**放射線**―をだしていたのです。誤った仮説に偶然が重なってこの大発見はなされました。ベクレル博士はこの発見でノーベル賞を受賞しました。物質が放射線を出す性質は、のちにキュリー夫妻によって**放射能**と名づけられました。

（オヤ！十字架が写っている）

3.3 ラジウムを発見したキュリー夫妻

キュリー夫人（マリー・キュリー）は、ベクレル博士の発見に刺激されて、夫の**ピエール・キュリー博士**と力を合わせ、ウラン鉱物であるピッチブレンドから放射能をもった元素を分離することを試みました。大量のピッチブレンドを化学処理し、ベクレル博士が研究に用いたウラン化合物よりもはるかに放射能が強いポロニウムという元素を発見しました（1898年、キュリー夫人の母国ポーランドにちなんで命名）。続いて同じ年の末に、ウラン化合物の250万倍も強い放射能を示す元素、ラジウムを発見しました。夫妻は1903年にノーベル賞を受賞しました。

（あなたがんばりましょう）（うん）

3章　放射線のパイオニアたち

3.4 アルファ線、ベータ線、ガンマ線の名づけ親ラザフォード博士

ラザフォード博士は、イギリスの研究所で原子が他の種類の原子に自然に変わる（壊変する、変身する）ときに、つまり、元素の種類が変わるときに、3種の放射線が原子核（10.7～11参照）から出ることを見出だし、アルファ線、ベータ線、ガンマ線と名付けました（1902年）。元素の種類が変わるということは、当時としては大変ショッキングな発見でした。博士は1908年にノーベル賞を受賞しました。

3.5 放射線研究、その後の発展

パイオニア達に続く多くの人たちの放射線や光、原子核に関する研究は、量子力学という学問領域の創設をもたらし、結果として、現在の放射線医学・工学・農学を発展させ、さらに電子工学、原子力工学などの成果へとつながっています。X線が発見されてから、すでに100年以上になりますが、その間の先人達の放射線研究の失敗と成功の歴史を振り返ってみると、改めて先人達の苦闘に敬意を表さないではおられません。今や放射線は先端科学技術の象徴の一つですが、今後も一層の発展を遂げるでしょう。

3章 放射線のパイオニアたち

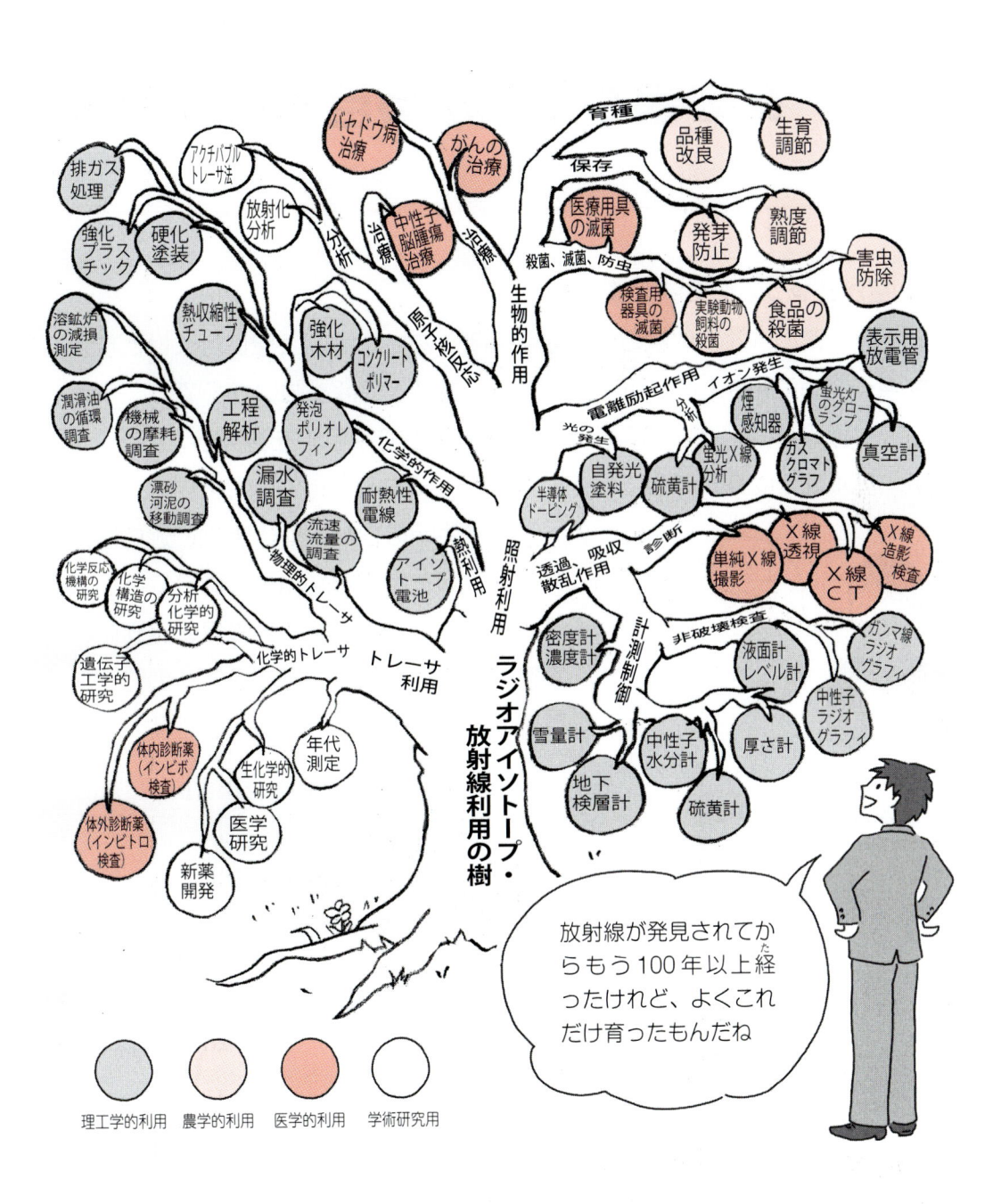

ラジオアイソトープ・放射線利用の樹

枝（幹からの分岐）:
- 生物的作用
  - 育種：品種改良、生育調節、熟度調節、発芽防止、害虫防除
  - 保存
  - 殺菌、滅菌、防虫：医療用具の滅菌、検査用器具の滅菌、実験動物飼料の殺菌、食品の殺菌、表示用放電管
- 照射利用
  - 電離励起作用／イオン発生：煙感知器、蛍光灯のグローランプ、真空計
  - 光の発生：自発光塗料、硫黄計、蛍光X線分析、ガスクロマトグラフ
  - 半導体ドーピング
- 診断
  - 透過、吸収、散乱作用：単純X線撮影、X線CT、X線透視、X線造影検査
  - 非破壊検査：ガンマ線ラジオグラフィ、中性子ラジオグラフィ
  - 計測制御：密度計濃度計、液面計レベル計、厚さ計、硫黄計、中性子水分計、地下検層計、雪量計
- 治療：バセドウ病治療、がんの治療、中性子脳腫瘍治療
- 分析：放射化分析、アクチバブルトレーサ法、排ガス処理
- 原子力発電
- 化学的作用：強化プラスチック、硬化塗装、熱収縮性チューブ、強化木材、コンクリートポリマー、発泡ポリオレフィン、工程解析、漏水調査、耐熱性電線、流速流量の調査
- 物理的トレーサ：アイソトープ電池、機械の摩耗調査、潤滑油の循環調査、漂砂河泥の移動調査、溶鉱炉の減損測定
- 熱利用
- トレーサ利用
- 化学的トレーサ：年代測定、生化学的研究、医学研究、新薬開発、体内診断薬（インビボ検査）、体外診断薬（インビトロ検査）、化学構造の研究、分析化学的研究、化学反応機構の研究、遺伝子工学的研究

凡例:
- 理工学的利用
- 農学的利用
- 医学的利用
- 学術研究用

> 放射線が発見されてからもう100年以上経ったけれど、よくこれだけ育ったもんだね

4章　身のまわりにある自然の放射線

4.1 空からやってくる宇宙線

　ジェット機の中で放射線の強さを測ってみたところ、上空に行くほど放射線は強くなっていました。これは、**宇宙線**が上空ほど強いからです。宇宙線も放射線の仲間です。ヘス博士は気球を使って宇宙線を発見し、1936年にノーベル賞を受賞しました。

　上空に行くほどたくさんの放射線を受けるんだね

　遠くは宇宙のかなたで、また、近くは太陽で発生した宇宙線が地球の周りにあります。一方、地球の大気や地磁気の磁界は、宇宙線の強さを弱める働きをするので、地球表面まで届く宇宙線はわずかです。

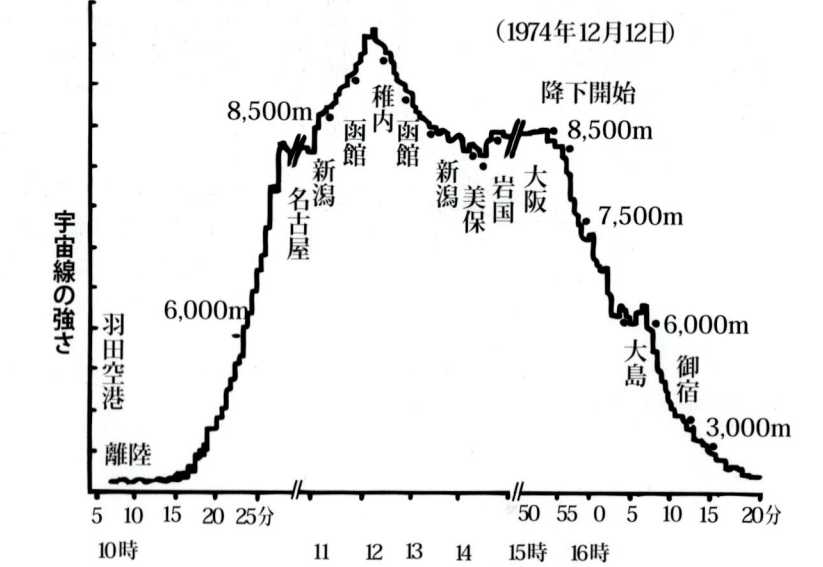

2マイクロシーベルト／時

0.2マイクロシーベルト／時

0.02マイクロシーベルト／時

高空における宇宙線強度の変化
（理化学研究所のチャーター便にて、森内茂博士測定）

4章 身のまわりにある自然の放射線

4.2 大地からやってくる放射線
●新幹線で東京から新大阪へ

　東京から新大阪へ行く新幹線の列車の中で放射線の強さを測ってみると、トンネルに入るごとに放射線は強くなり、大きな川の鉄橋の上では逆に弱くなりました。浜名湖を過ぎると放射線は少し強くなり、西高東低の傾向がはっきりとみられました。

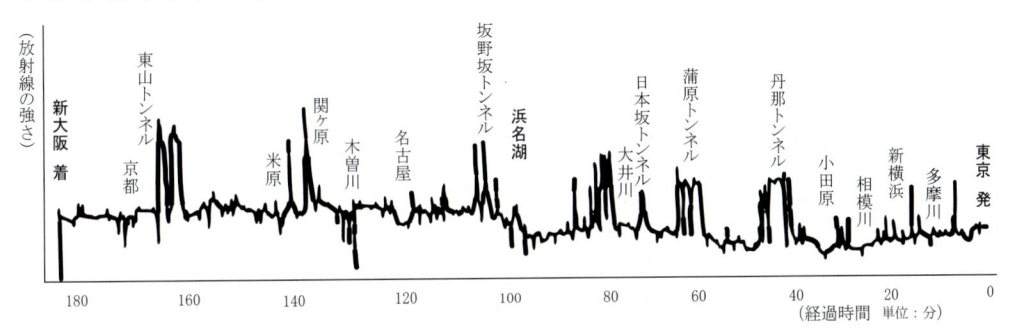

東京－新大阪間新幹線内における放射線強度の変動
（岡野眞治博士による）

「トンネルの中では放射線が強いのね」
「浜名湖を過ぎたころから放射線が強くなっているね」
「岩石や土が出す放射線が下からやってくるよ」
「トンネルの中ではまわりからやってくる」
「鉄橋では川の水で止められる放射線もあるんだね」

　大地はいろいろなラジオアイソトープを含んでいるので、放射線を出しています。トンネルの中では、四方八方からガンマ線が来ます。鉄橋では、川の水が川底から来るガンマ線をさえぎります。大地に含まれるラジオアイソ

トープの濃度は場所によってかなり違っています。一般に西日本の方が東日本よりも高いのです。インドのケララ地方やブラジルのガラパリでは、大地からの放射線の強さが日本の平均の十倍〜数十倍になるところがあります。また、ラジウム温泉が多いイランのラムサール地方では、大地からの放射線が1年間につき約260ミリシーベルト（日本の平均値の約200倍）に達する場所があります。

● **三朝温泉で**

有馬温泉（兵庫県）、増富温泉（山梨県）、三朝温泉（鳥取県）、湯抱温泉（島根県）などはラジウム温泉として有名です。ラジウム温泉は健康によいといって療養や気分転換のために温泉場を訪れる人がたくさんいます。三朝温泉では、ラジウムの発見者キュリー夫人の偉業を讃えて、キュリー夫人の胸像を中心にキュリー広場が造られ、毎年、8月初めにキュリー祭が行なわれています。

4章　身のまわりにある自然の放射線

4.3 ラジウムとラドン

ラジウムはアルファ線を出して気体の**ラドン**に変わり、さらに、ラドンはアルファ線を出して別の元素（ポロニウム）に変わります。そのあとも、次々に元素が壊変によって変身していき、最後には安定な鉛になります。この間、アルファ線のほかにベータ線やガンマ線も出ます。ラドンは、世界中どこでも大地から空気中に出てきています。

ラジウム温泉のある地域では、水中や空気中の放射能が普通の地域よりも高いのですが、健康に対する影響は見いだされていません。

4章　身のまわりにある自然の放射線

4.4 人体にもラジオアイソトープがある

　私たちが受ける自然の放射線は、大地からの放射線、空から降り注ぐ宇宙線のほかにも自然の中には**カリウム-40**や宇宙線によってできる**炭素-14**、さらには4.3で述べた**ラドン-222**などの多くのラジオアイソトープがあります。このラジオアイソトープは食べ物や呼吸を通じて、私たちの身体にも入ってきます。したがって、私たちの身体からも放射線は出ているのです。私たちの身体から出ている微量な放射線は、ホールボディカウンタ（8章 8.2参照）という測定器を使って測ることができます。

> ぼくたちの体の中にもラジオアイソトープがあるんだね

> そうすると、わたしたち放射線を出し合っていることになるわね

　私達の身体に含まれている放射能は大人の場合、5000〜8000ベクレルです。したがって、1秒間にそれだけの原子核が壊変し、ほぼ同数の放射線が発生しています。

4章　身のまわりにある自然の放射線

地球が誕生した46億年前から、地球には放射線がありました。そのため、人類は自然の放射線の中で生まれ、進化してきました。

宇宙線
大地放射線

宇宙線
大地放射線

地球上の生物は、大昔から放射線の存在する環境の中で生活し、進化してきたんだよ

ぼくたち、知らない間に放射線にあたっているのですね

感じないから全然わからないわ

5章　人工の放射線はどこから来るの？

5.1 X線管でX線を作る

　金属のフィラメントを熱すると電子が飛び出します。この電子を真空中で高い電圧によって加速し、陽極の金属板にぶつけると、そこから**X線**が発生します。**X線の正体**は、実は波長の短い、すなわち、エネルギーの大きい**電磁波**（光の仲間）なのです。X線装置は放射線発生装置の一種です。

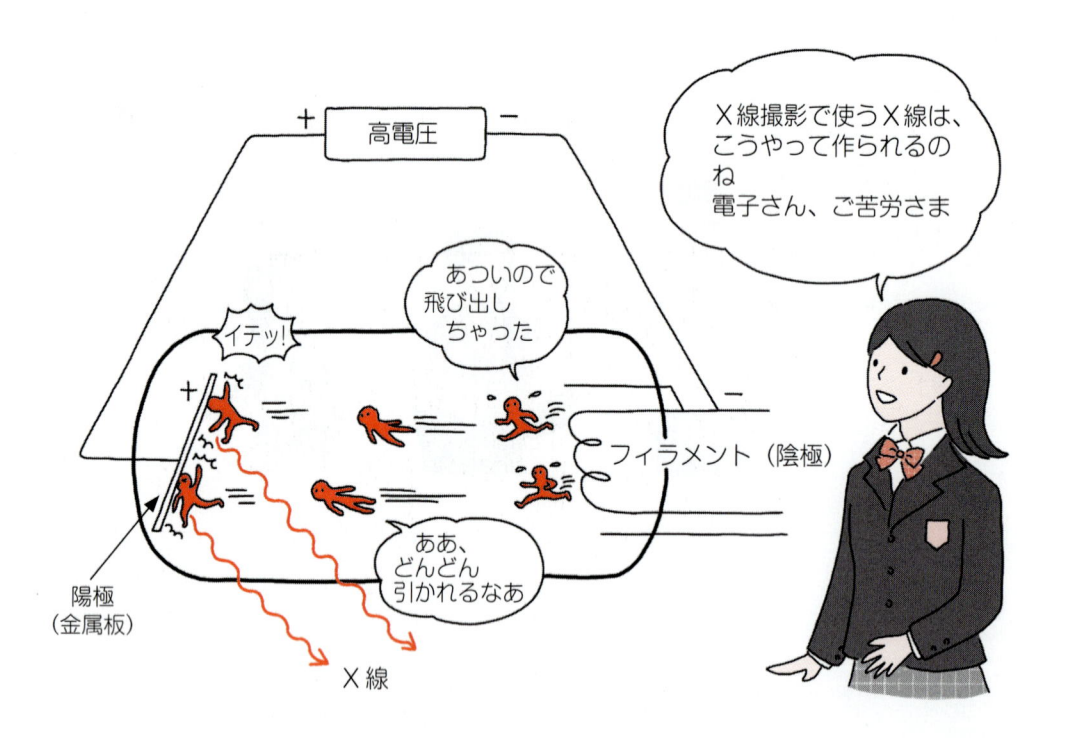

5.2 人工的に放射線を作る加速器がある

電子や陽子は電気をもっているので、電磁気の作用を利用して真空中で加速し、放射線とよべるほどの高いエネルギーをもたせることができます。このような装置を**加速器**といい、**放射線発生装置**の一種です。いろいろな原理に基づくものが工夫されて、研究用、医療用、工業用などに使われています。ラジオアイソトープから出るアルファ線、ベータ線、ガンマ線よりもはるかに高いエネルギーをもった放射線を作ることができます。

仁科芳雄博士は、第二次世界大戦前の1937年に日本で最初の**サイクロトロン**（加速器の一種）を建設したほか、数多くの原子核研究の業績をあげました。また、戦後は日本におけるラジオアイソトープ利用の道を開くなど、放射線研究を発展させるために力を尽くしました。

放射線発生装置は、スイッチを切ると放射線は出なくなります。これに対して、ラジオアイソトープからは放射線がいつも出ています。

フッ素-18などもこの装置でつくられます

小型サイクロトロンの例

5章　人工の放射線はどこから来るの？

5.3 人工的にラジオアイソトープを作る方法がある

　原子核が**中性子**を捕まえると原子核の種類が変わります。このように原子核の種類が変わるような反応を**原子核反応**とよびます。中性子だけでなく、アルファ線や加速器で作ったエネルギーの高い放射線を用いても原子核反応を起こし、ラジオアイソトープを作ることができます。

　イレーヌ・ジョリオ・キュリーとフレデリック・ジョリオ夫妻は、アルファ線をアルミニウムに当てて、世界で始めて人工のラジオアイソトープであるリン -30 を作り、ノーベル賞を受賞しました。

● **原子炉でラジオアイソトープを作る**

　原子炉の中には核分裂（10 章 10.20 参照）で発生した極めて多量の中性子があります。**中性子**は電気をもたないので、原子核の中にたやすく入り込み、ラジオアイソトープを作ることができます。たとえば、ガンマ線照射用の大量線源としてよく使われている**コバルト -60** というラジオアイソトープは、コバルト金属（コバルト -59）を原子炉に入れて中性子をあて、原子核に中性子を捕まえさせて作ります。

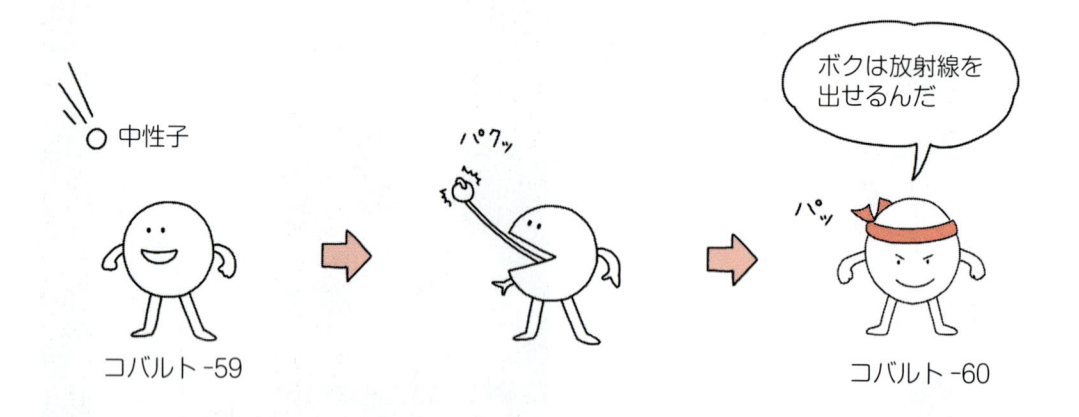

中性子

コバルト -59　→　パクッ　→　ボクは放射線を出せるんだ　コバルト -60

5章　人工の放射線はどこから来るの？

●加速器でラジオアイソトープを作る
　加速器でエネルギーの大きい陽子線などを発生させ、それを原子核に当てると、ラジオアイソトープができます。小規模な施設でも、いろいろな種類のラジオアイソトープを製造するのに適しています。

中性子
陽子　酸素-18　　　フッ素-18

加速器で陽子を加速して酸素-18の原子核にぶつけるとフッ素-18ができるんだ

できたフッ素は、PET検査に使われているのね

　このように、放射線をあてて新しいラジオアイソトープを作ることを**放射化**といいます（6章6.21参照）。製造されたラジオアイソトープは、医療における診断・治療や工業、さらにはいろいろな研究などに欠かせないものになっています（6章参照）。

6章 放射線・ラジオアイソトープはどんなところで役に立っていますか？

　放射線の利用は、放射線やラジオアイソトープの特徴的な性質をたくみに使っています。この小冊子では、これらの性質を次の6種類に分類してみました。それぞれの利用に関して有用な性質を、利用の項目の後に（A）、（B）のように付記しています。

（A）放射線はものを通り抜ける。
（B）放射線は原子や分子を電離（イオン化）したり励起する。
（C）ラジオアイソトープは特定の分子などに結合して目印となる。
（D）同位体は化学的に同じ挙動をする。
（E）ラジオアイソトープをふくむ物質の放射能の強さは固有の半減期で弱くなっていく。
（F）中性子は原子をラジオアイソトープにする。

6.1 X線で診断する　（A）

　身体にX線をあて、体を通り抜けたX線を写真撮影したり、コンピュータ処理して体の中を調べることができます（**単純X線撮影とコンピューテッドラジオグラフィ**）。

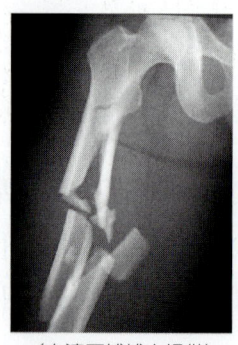

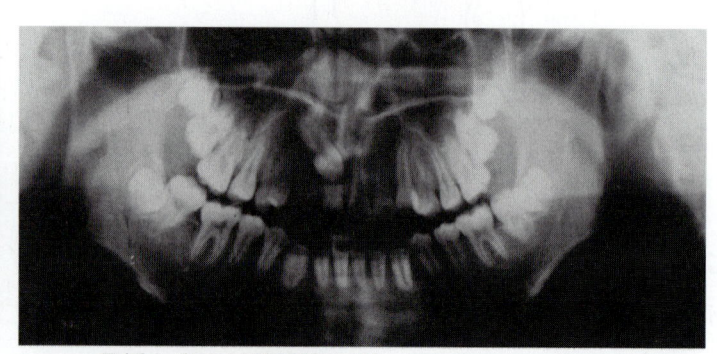

（白濱正博士提供）　　**骨折と歯のX線写真の例**　　（落合 聡博士提供）

6章　放射線・ラジオアイソトープはどんなところで役に立っていますか？

　また、通り抜けたX線によってえられる画像(がぞう)を一定の時間つづけて観察(かんさつ)すると、臓器(ぞうき)が動いている様子などを調べることができます（**X線透視**(とうし)）。

　あるいは、バリウムやヨウ素の化合物のようなX線を通しにくいものを飲ませたり、血管内に注射したりして、X線撮影をすると、胃、腸、腎臓、心臓、血管などがはっきりと写し出されるので的確な診断ができます（**X線造影検査**(ぞうえい)）。

　また、X線をうまく使用すると身体の小さな部分まで写し出すことができるので、写し出された患部(かんぶ)を見ながら、体内に細い管（カテーテル）や針を入れて病気を治す治療法（**ＩＶＲ**(アイブイアール)＊）も広く用いられています。

　人体周囲(しゅうい)のいろいろな方向から輪を描(えが)くようにして通り抜けてくるX線の強さを測定し、コンピュータの力を借りて身体の輪切(わぎ)り像を作る**X線CT検査**（X線コンピュータ断層撮影法(だんそうさつえいほう)）は、脳腫瘍(のうしゅよう)、脳梗塞(のうこうそく)などの脳病変や肺(はい)、肝臓(かんぞう)などの病変(びょうへん)の診断に大いに役立ってきました。現在では、静止画像だけではなく、心臓などの動きも観察できます。

　このX線CT検査装置を発明したハウンズフィールド博士とコーマック博士は1979年にノーベル賞を受賞しました。

＊　放射線診断技術の治療的応用 Interventional Radiology

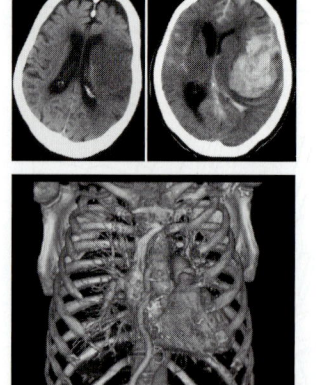

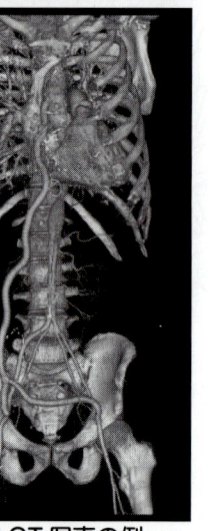

6章　放射線・ラジオアイソトープはどんなところで役に立っていますか？

X線CT写真の例

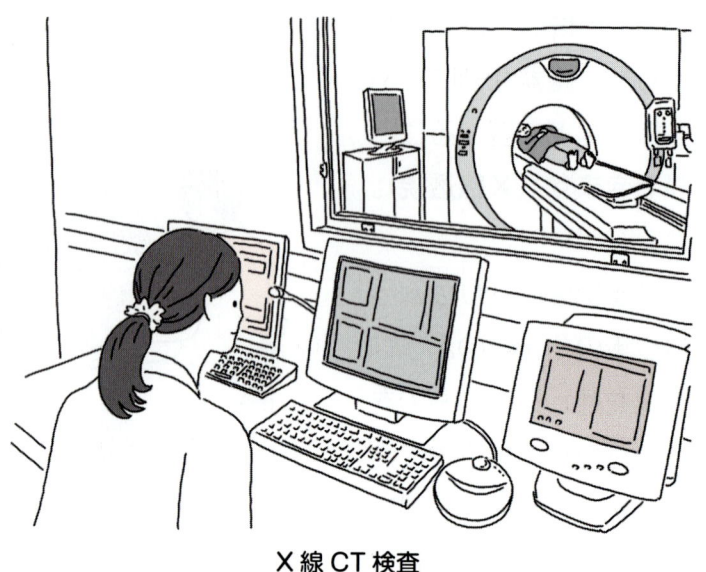

X線CT検査

6.2 放射能が短時間で消えるラジオアイソトープで診断する　(A, C, D)

　組織や臓器の形を検査する単純X線撮影やX線CT検査とは違って組織や臓器の働きを、ラジオアイソトープを体の中に入れて検査します。脳、心臓、骨、肺、腎臓などの特定の臓器や病変部に集まることが分かっている物質に、ラジオアイソトープで目印をつけた薬（**放射性医薬品**）を注射すると、

骨シンチグラフィの例 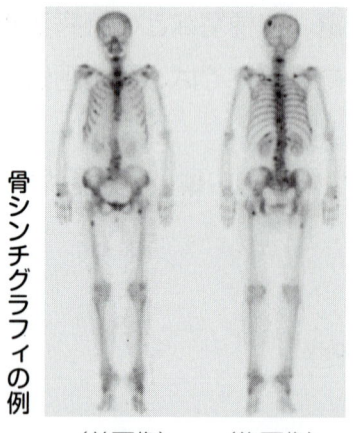
（前画像）　（後画像）

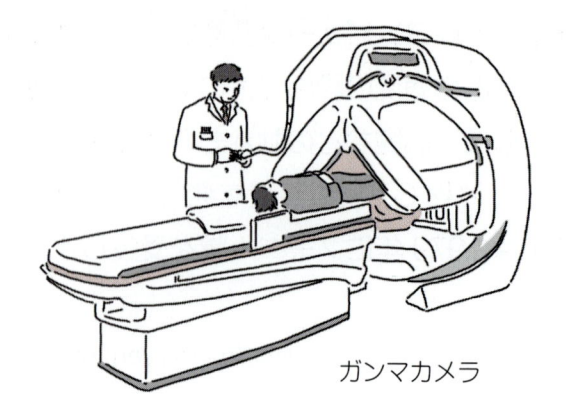

ガンマカメラ

6章　放射線・ラジオアイソトープはどんなところで役に立っていますか？

　その薬は検査したい臓器や病変部に取り込まれます。取り込まれた薬に付けられたラジオアイソトープから出るガンマ線をガンマカメラで検出し、画像処理をすることで、組織や臓器の働きや血液の流れを調べて、病気の診断をすることができます（**核医学検査**）。

　また、陽電子を出すラジオアイソトープで目印をつけた薬品を注射し、がんの診断や脳機能の検査に優れた性能を示す**PET***（**陽電子放射断層撮影検査**）も盛んに行われています。

　放射能が短い時間で消えてしまう（半減期が短い）ラジオアイソトープを使い生体機能の"はたらき"を画像にすることによって、病気の確実な診断に役立っています。

6.3 ラジオアイソトープで血液や尿を検査する　（C）

　患者さんから採った血液や尿などと、ラジオアイソトープを含む検査用の薬品を試験管の中で反応させ、血液や尿などに含まれる微量な成分（ホルモン、がんに関係のある特定の物質など）を調べて病気の診断をします。

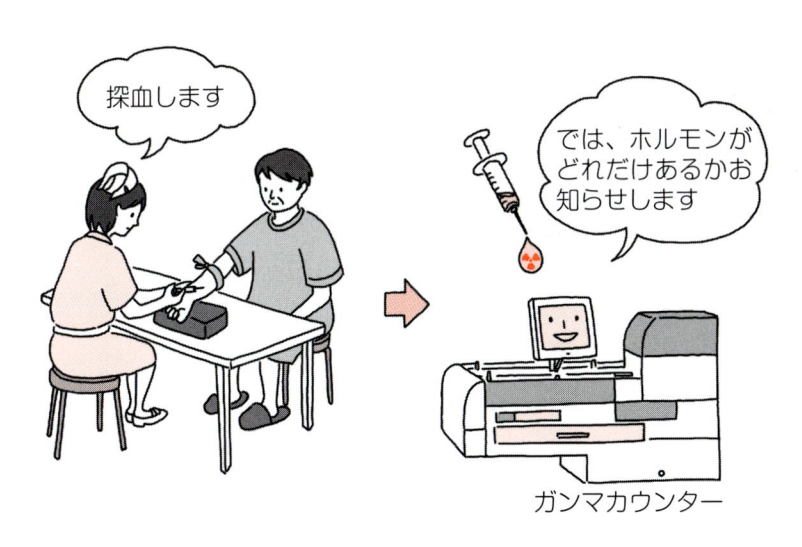

「採血します」

「では、ホルモンがどれだけあるかお知らせします」

ガンマカウンター

血液検査で診断される主な病気
甲状腺疾患
肺がん、子宮がん
大腸がんなど
C型肝炎
糖尿病
自己免疫疾患
代謝性骨疾患
貧血
高血圧
その他

*　Positron Emission Tomography

6章 放射線・ラジオアイソトープはどんなところで役に立っていますか？

6.4 がんを治療する　（B）

　直線加速器（リニアック）やサイクロトロンとよばれる装置（5章5.2参照）で人工的に作った放射線を、がんの病巣部にあて、がん細胞を殺します。放射線を用いる治療法は、外科手術、抗がん剤による化学療法と共に、がんの三大療法と呼ばれています。現在では、がんの部分だけに放射線をあてて副作用を減らす工夫をした定位放射線治療や粒子線や重粒子線による治療なども盛んになっており、これまで以上にがん治療に役立つことが期待されています。また、身体の中にラジオアイソトープのストロンチウム-89を注射し、骨に転移したがんの痛みを和らげる治療やがんに集まる抗体にラジオアイソトープを付けてそこから出てくる放射線を当ててがん細胞を殺す治療なども行われています。

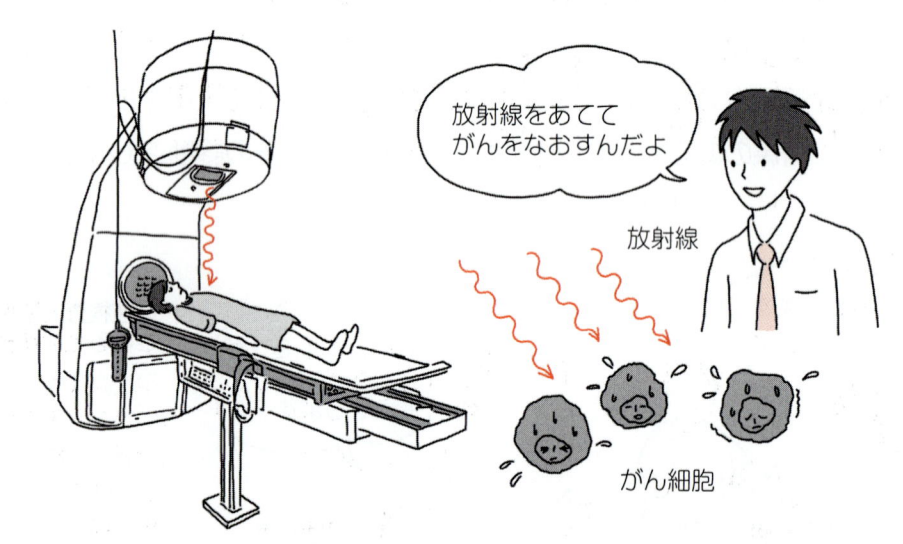

直線加速器（リニアック）による治療

6章　放射線・ラジオアイソトープはどんなところで役に立っていますか？

6.5 物の内部を検査する　（A）

　X線を用いて人の体の中を検査するのと同じように、X線やラジオアイソトープから出るガンマ線の透過の様子から、製品や材料の内部の様子を調べたり、外からは見えない割れ目、欠陥、亀裂などを見つけることができます。このように、物を壊さないで内部の様子を調べることを**非破壊検査**といいます。溶接した部分の検査などに盛んに利用されています。また、物によっては中性子線による非破壊検査（中性子ラジオグラフィ）も行われています。

非破壊検査の例
（Envision CmosXray LLC 提供）

X線写真（a）　　　　中性子ラジオグラフィ（b）

中性子ラジオグラフィの例（日本非破壊検査協会提供）

（X線写真（a）では、弾薬が分からないが、中性子ラジオグラフィ（b）でははっきりとわかる）

6.6 中身がどれだけ入っているかを知る　（A）

　ラジオアイソトープから出るガンマ線の透過を利用して、タンクの中の液体がどこまで入っているかを知ったり、タンクなどの中にどれだけ原料があるかを知ることができます（**レベル計**）。

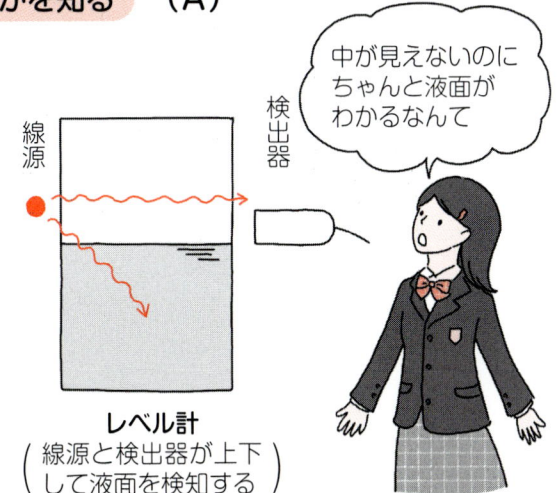

中が見えないのにちゃんと液面がわかるなんて

レベル計
（線源と検出器が上下して液面を検知する）

6章 放射線・ラジオアイソトープはどんなところで役に立っていますか？

6.7 物の厚さを測る　（A）

　ラジオアイソトープから出るベータ線、ガンマ線の透過の様子を利用して、紙、セロファン、ゴム板、アルミホイル、鉄板などの厚さを測ることができます。これを**厚さ計**といいます。これらの薄板、薄膜を製造するときに、厚さを一定に仕上げるための工程管理に厚さ計は多くの工場で使われています。また、遠い山の中で積もった雪の深さ（厚さ）を自動的に測定する**雪量計**には、宇宙線が雪を通過するときの深さ（厚さ）による減衰の違いが利用されています。

厚さがちゃんとなっているかしっかりみてくれよ

ノギスじゃ動いているものを測れないや、困ったなぁ

これなら楽だ 通り抜ける放射線の量で厚さが分かるんだ

検出器　　　厚さ調節

6.8 大気汚染を監視する　（A，B）

　放射線で重油や石油製品に含まれる硫黄分を測定しています（**硫黄計**）。これは、放射線は硫黄分が多いとよく減衰する性質や、放射線が硫黄に特有のX線を出させる性質などを利用しています。この方法は、火力発電所の燃料に含まれる硫黄分の連続測定にも用いられて大気汚染の防止に役立っています。

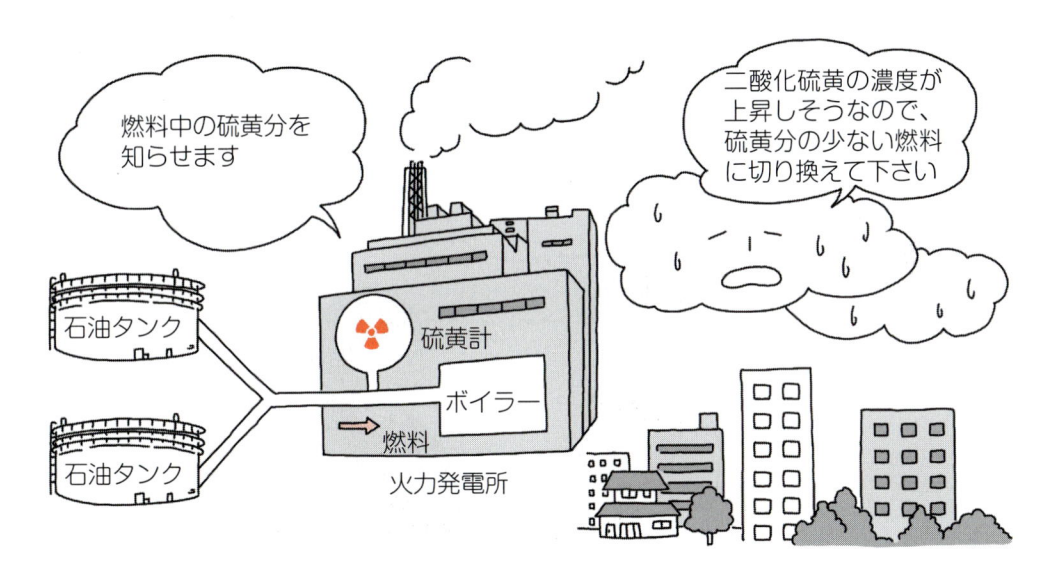

　また、大気中に浮遊している塵をポンプで吸引して薄いフィルタの上に膜状に集め、その膜の厚さをラジオアイソトープから出る放射線を利用して測り、大気中に浮遊する塵の濃度を連続測定します（**ベータ線粉塵計**）。

6章　放射線・ラジオアイソトープはどんなところで役に立っていますか？

6.9 放射線をあてて作った製品が日常使われている　（B）

　製造工程(せいぞうこうてい)の途中で放射線をあてて作った製品がいくつも身のまわりにあります。お風呂(ふろ)で使う空気を含んだふわふわのマット、テレビやビデオの配線に用いられている燃(も)えにくい電線、自動車用のパンクしにくいタイヤ、食品包装(ほうそう)用の透明(とうめい)な熱収縮性(ねつしゅうしゅくせい)シート、滅菌(めっきん)した注射器などの医療用具、電池の隔膜(かくまく)などはその例です。これらの製品には放射線を照射しますが、そのために放射能をもったり、放射線を出すことはありません。

〔救命胴衣も放射線をあてて強くするのか〕

〔でも放射能はないのかな？〕

〔そうよ、性能がよくても放射能をもってたら、いや！〕

〔放射線をあててもラジオアイソトープができたわけじゃないから放射線は、出ていないんだよ〕

〔だから、ガンマ線をあてて発芽を防止したこのじゃがいもも放射能はないんだよ〕

6章 放射線・ラジオアイソトープはどんなところで役に立っていますか？

6.10 燃えにくい電線を作る （B）

ポリエチレンなどに、加速器といわれる装置（5章5.2参照）で発生させた電子線を照射すると**橋かけ（架橋）**という化学反応が進み、熱しても形がくずれにくくなります。電子線を照射して絶縁用の被覆材料が燃えにくくなった電線（**耐熱性電線**）は、テレビやビデオ、自動車、電話中継器などの配線に使われています。

> ポリびんに熱い油を入れたら変形しちゃったわ

> 放射線をあてた容器は強いのよ

6.11 発泡ポリオレフィンを作る （B）

風呂用マット、自動車の内装クッション材、冷蔵庫の断熱材、救命胴衣、スリッパ、包装材料などに用いられている**発泡ポリオレフィン**（ポリエチレ

> 生クリームの泡がすぐ消えるわ 電子線をあてたらどうかしら

> お風呂のマットじゃないんだよ バカなこと言ってないで早く食べさせてよ

35

ンなど高分子の総称)を作るときには、適当な粘りをもたせ、泡が効率的に閉じ込められるようにするために電子線をあてます。この技術は日本で開発されました。

6.12 効率のよい塗装をする　(B)

吹き付けた塗料に電子線を照射し、一瞬のうちに塗料を硬化させる塗装法を**電子線硬化塗装**といいます。これはシンナーなどの溶剤を用いず、加熱も必要とせず、無公害、省エネルギー、時間短縮の塗装法として発展しています。

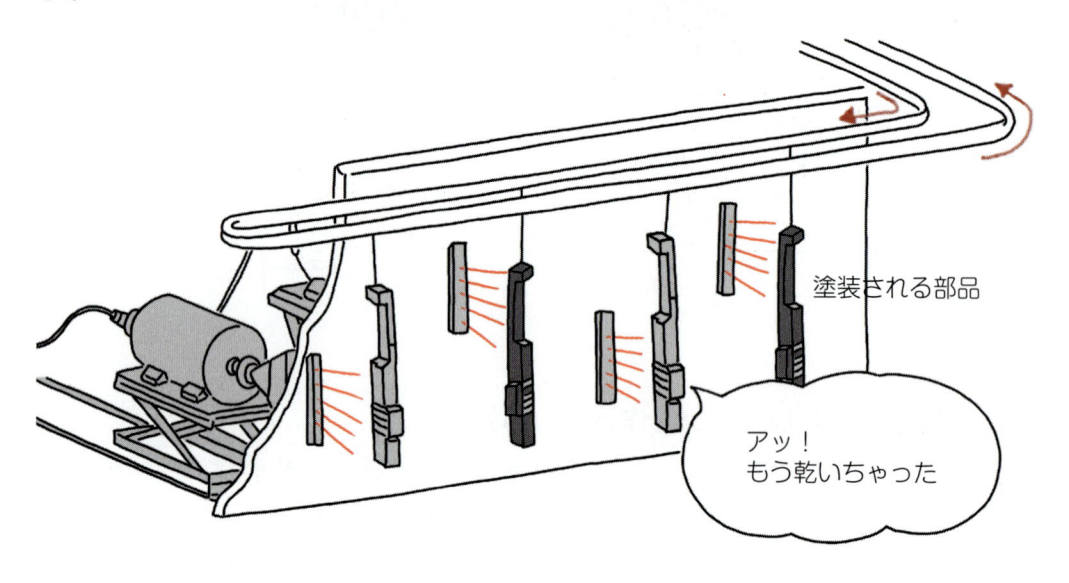

塗装される部品

アッ！
もう乾いちゃった

6章 放射線・ラジオアイソトープはどんなところで役に立っていますか？

6.13 医療用具などを滅菌する　（B）

　放射線をあてて、人工腎臓、注射器、手術用手袋、メス、縫合糸（ほうごうし）、カテーテルなどの医療用具をはじめとして、マウス、モルモット、兎（うさぎ）など実験動物の飼料や検査用具、包装材料などの滅菌（めっきん）が行なわれています（**放射線滅菌**）。

　従来から使われているガス滅菌法、高圧蒸気（こうあつじょうき）滅菌法に比べて優れた点が多く、広く普及しています。

コバルト―60 線源

ガンマ線は透過力が強いので包装したまま滅菌できるのですね

よくわかったね ガンマ線をあてても放射能はできないよ また、温度も上がらないんだ

医療用具

実験動物用の餌

6章　放射線・ラジオアイソトープはどんなところで役に立っていますか？

6.14 食品の保存期間を長くする　（B）

　放射線を照射して殺菌や殺虫をしたり、発芽を防止したりすると、食品の保存期間を大幅に長くすることができます。世界中では、多くの国でいろいろな食品の放射線照射が認められています（**食品照射**）。日本では、じゃがいもに**発芽防止**の目的でコバルト-60のガンマ線をあてることが北海道で実用化されています。ガンマ線をあてても食品が放射能をもつことはありません。

　ジャガイモの芽はうっかり食べると中毒になるのでいつも気をつけているのよ

ジャガイモのガンマ線照射

世界における食品照射の現状

国　名	年間処理量	処理品目
中　国	140,000トン	香辛料、ニンニク、穀類など
米　国	89,000トン	香辛料、牛挽肉、鳥食肉、果実など
東南アジア	26,000トン	香辛料、冷凍魚介類、発酵ソーセージなど
欧　州	20,000トン	香辛料、食鳥肉など
日　本	8,000トン	馬鈴薯
合　計	約30万トン	

　世界では食品照射を積極的に行って経済効果を上げています。

6.15 環境中の有害有機物を分析する　（B）

　PCB、有機水銀、トリハロメタン、塩素系残留農薬などの環境中の微量の有害な有機物質などを分析するために、ラジオアイソトープ（ニッケル-63）を利用した**ガスクロマトグラフ**が各地の公害研究所、衛生研究所などで盛んに使われています。

ガスクロ君、この水、変なものがまざってないか調べて下さい

ハイ、ワタシにまかせて

6.16 元素の分析を楽にやってのける　（B）

　試料に放射線をあてると、試料の中にあるそれぞれの元素から固有の蛍光X線が出ます。この蛍光X線を測定すると、試料中の元素の種類と濃度がわかります。この分析法を**蛍光X線分析法**といいます。

地球人は、蛍光X線を利用して分析した、火星の岩石のデータを地球に送っているんだって

　工業材料、原料などの元素分析、鉱石やセメント原料のオンライン分析、大気中に浮遊する塵などの環境物質に含まれる数多くの元素の分析、メッキの厚さの測定などに広く利用されています。この方法は、火星探査にも利用されました。特殊な利用例として、絵画の真偽を鑑定するための絵の具の分析などがあります。

6章　放射線・ラジオアイソトープはどんなところで役に立っていますか？

6.17 品種を改良する　（B）

　放射線をあてて**品種改良**した農作物や園芸植物が数多くあります。「アキヒカリ」という稲の新品種は、米の品質がよい、収穫が多い、寒さに強い、茎が短く倒れにくく台風に耐えるなどの多くの長所を兼ね備えています。「ライデン」というダイズの新品種は、親品種に比べて種蒔きから収穫までの期間が25日も短くなり、寒くなる前に十分に実を結ぶようになっています。最近ではめずらしい色のカーネーションや菊などが作られていますが、この他にもいろいろな新品種が作り出されています。

6.18 害虫を絶滅させる （B）

人工孵化させた害虫の雄のさなぎに適当な量の放射線をあててやると、その成虫は雌と交尾することはできるが、受精させることはできなくなります。このような雄の成虫を自然界の害虫の集団に繰り返して放ってやると、雌が野生の健全な雄と交尾する機会が少なくなり、受精卵ができる割合が減っていくので、ついに害虫集団が絶滅するようになります（**害虫絶滅**）。

雄のサナギ

果物や野菜が
どんどん
出荷できて
うれしいわ

へんね。タマゴ
がかえらないわ

日本でも、この方法を用いて、沖縄諸島の久米島や奄美諸島の喜界島ではウリミバエ、小笠原諸島ではミカンコミバエの絶滅に成功し、これらの島から野菜、果物の出荷ができるようになりました。さらに現在、イモゾウムシやアリモドキゾウムシの根絶に向けた努力が払われています。

6.19 ラジオアイソトープで生命科学の研究をする　（C）

　同位体は、同じ元素ですから、化学的には同じ反応や動きをします。ラジオアイソトープ（放射性同位体）も化学的には同じ反応をするので、生命科学の研究などにおいて盛んに利用されてきました。

　たとえば、炭素原子をラジオアイソトープの炭素-14（C-14）で置き換えて、炭素-14から出てくるベータ線を調べれば、炭素原子の生体中での動きを調べることができます。この方法を**トレーサ法**（追跡子法）（2章2.6参照）といいます。他にも水素の動きを水素-3（H-3）で調べたり、リンの動きをリン-32（P-32）で調べたり、多種多様に利用されています。

　図はダイズの葉にリン酸が吸収される様子の時間的経過を、リン-32のベータ線を測定することによって示しています（白い部分）。

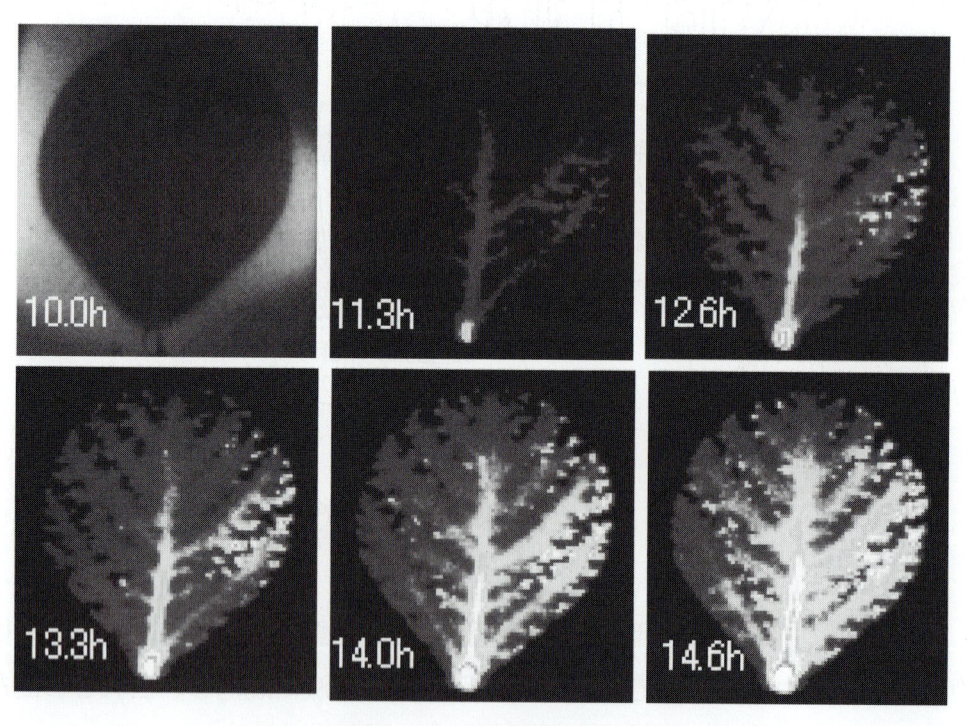

ダイズの葉にリン酸が吸収される様子（東京大学　中西友子教授提供）

6.20 半減期を利用して年代を測定する　（D、E）

ラジオアイソトープが決まった半減期をもつことを利用して、**年代測定**ができます。

炭素-14というラジオアイソトープは5730年の半減期をもっています。これを利用すると5,6万年くらい前までの年代の測定ができます。半減期のきわめて長い天然のラジオアイソトープを用いると、地球ができた年代も推定できます。

大気中の炭素-14の濃度は一定なんだよ
炭素-14を利用すると5万年ぐらいまで年代が測定できるんだ。この方法はリビー博士が研究して1960年にノーベル賞をもらったんだ。

炭素-14を用いた年代測定は考古学では欠かせない研究手段となっているのですね

大気中には炭素-14が二酸化炭素（CO_2）の形で存在しています。炭素-14は宇宙線によって大気中で作られるので、大気中の炭素に一定の割合で含まれています。植物はこの炭素-14を取り込み、光合成をします。動物も植物を食べて同様に炭素-14を取り込みます。動植物の体の中の炭素は一定の割合の炭素-14を含んでいますが、動植物の生命が終わると、もう、炭素-14は体の中に入ってこないので、炭素-14の割合は5730年の半減期で次第に減っていきます。炭素-14から出るベータ線を測定したり、質量分析器で炭素中の炭素-14の割合を求めると、生命が終わってから現在まで経過した時間がわかります。

たとえば、1991年にアルプスの氷河で見つかったアイスマンと呼ばれる

6章 放射線・ラジオアイソトープはどんなところで役に立っていますか？

男性のミイラは約5,300年前のものだと分かりました。マンモスの年代測定にもこのような方法が用いられています。

この方法を使えば遺跡や遺物などの年代も推定できます。たとえば、法隆寺の壁に塗り込められていた藁を用いて、建立された年代が推定されたり、また、縄文時代の遺物の年代測定に利用されています。

いろいろなものの年代が測れるんだなあ

6.21 中性子で多くの種類の元素を高感度で分析する （F）

試料に中性子をあてると試料が放射能をもつようになります（5章5.3参照）。試料から出てくる放射線のエネルギーと量から試料中の元素を調べる

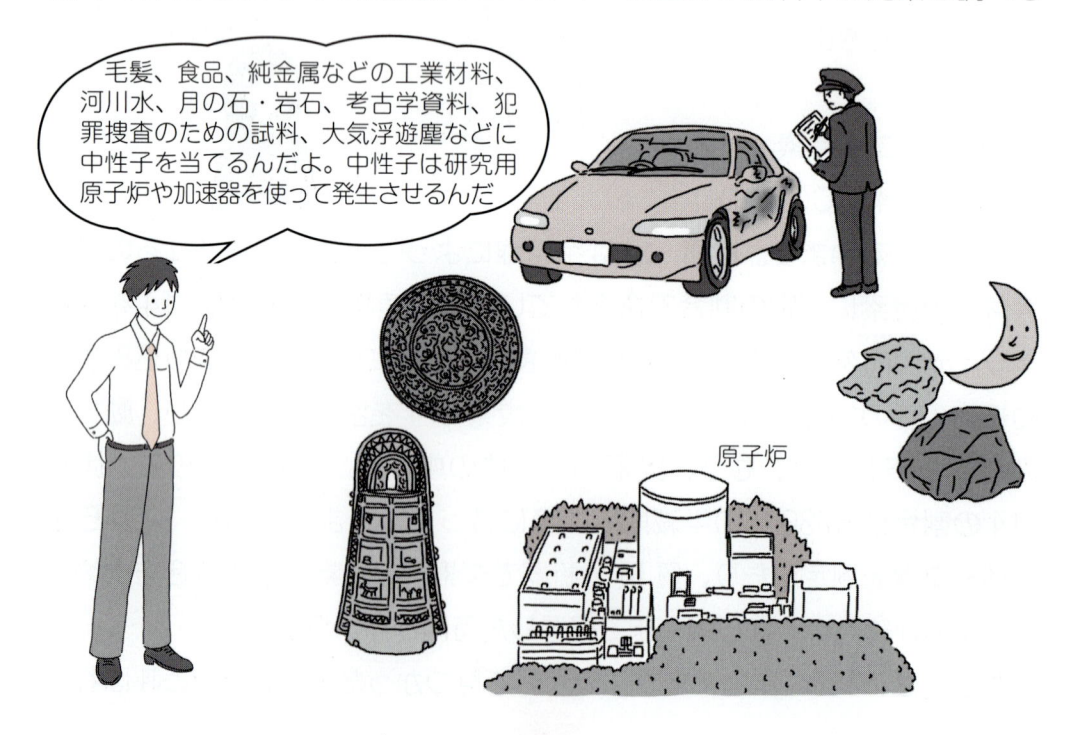

毛髪、食品、純金属などの工業材料、河川水、月の石・岩石、考古学資料、犯罪捜査のための試料、大気浮遊塵などに中性子を当てるんだよ。中性子は研究用原子炉や加速器を使って発生させるんだ

原子炉

ことができます。この分析法を**放射化分析法**といいます。

　放射化分析法によると、ごく少量の試料を用いて、多くの元素が高い感度で同時に分析できます。分析対象は、工業材料、地質学的試料（岩石、土壌、月の石、隕石など）、考古学的試料、犯罪捜査のための試料、毛髪試料（水銀などの分析のため）、大気、河川水その他の環境物質試料、生体試料など、広い範囲にわたっています。

6.22 水や大気の動き、サケの回遊などを調べる　（F）

　物質の動きを追跡する方法として**アクチバブルトレーサ法**があります。ダムの水漏れを検査したり、海水、河川水、大気などが移動する様子を調査するのに利用されています。環境を汚染しないで調査ができます。一時期、サケの回遊の調査にも使われました。

　その例を紹介します。ユーロピウムという元素は、放射化分析により非常に高い感度で検出できます。放射能を持っていないユーロピウムを、サケの餌にごくわずか混ぜて食べさせると、サケの耳石（耳の器官の一部）、ひれの刺、鱗などに集まります。放流されたサケの稚魚が生育して元の川に戻って来たときに捕獲して放射化分析をすると稚魚の時に食べたユーロピウムが検出できます。この方法を利用して日本の川に放流された稚魚がどのように北洋を回遊し、どれくらいの割合で帰ってくるかが調べられました。

6章 放射線・ラジオアイソトープはどんなところで役に立っていますか？

6.23 放射線利用の最先端と夢

　学術的な研究へのラジオアイソトープの利用には限りがありません。とくに生物学や医学の研究分野でのラジオアイソトープの利用は、この方法以外によい技術がない領域において研究手段の決め手となることが多く、ますます盛んになるでしょう。たとえば画像診断装置（PETなど）を用いた脳局所の活動、がん診断、新薬開発などの研究には放射性薬剤と呼ばれるラジオアイソトープが不可欠です。

　人工的に放射線を作る装置は放射線発生装置とか加速器とよばれており、その応用が進んでいます。電子線照射により排気ガスに含まれる亜硫酸ガスと窒素酸化物を同時に除去する技術が日本で開発され、酸性雨問題解決に関連して世界的に注目されています。下水汚泥の殺菌、上水の浄化への応用も研究されています。中性子、陽子、重粒子などの粒子線を利用してがんを治療する研究が行なわれています。超LSI（大規模集積回路）の製造、表面処理技術への利用など色とりどりの技術開発が進行中です。

（J-PARC：日本原子力研究開発機構提供）

6章　放射線・ラジオアイソトープはどんなところで役に立っていますか？

　より基礎的な研究が、茨城県東海村にある大強度陽子加速器施設**J-PARC**や兵庫県の播磨科学公園都市にある大型放射光施設**SPring-8**、埼玉県和光市にある**RIビームファクトリー**、岐阜県神岡町にある**宇宙素粒子研究施設**など、多くの大学や研究所において行なわれていて、これらの施設における放射線の研究はまさに世界のトップレベルにあります。そして基礎的な研究成果がやがて私達に新しい応用をもたらしてくれるものと、大いに期待されています。

7章　人が放射線を受けると危険ですか？

7.1 受けた放射線の量をどう表すか？

　放射線が「物」に当たると、その持っているエネルギーを物に与えて、様々な影響を引き起こします。物が受けた放射線の量は、物が放射線から受けたエネルギーの量で表すことができます。このときの放射線の量は、**グレイ（Gy）** という単位で表されます。

受けた放射線の人体影響を測る物差しはシーベルトで目盛りがうってあるんですね

でも、この物差しは大きいなぁ

小さいものを測るときは小さい物差しの方が便利だよ
　この目盛りはミリシーベルトだ

もっと小さいものを測るならマイクロシーベルトで目盛りのついている物差しが使いやすいわね

7章　人が放射線を受けると危険ですか？

「物」が「人」になった場合はどうでしょうか。グレイで表した放射線の量が多ければ、当然、受けた放射線の量が多いので、大きな影響が起こります。しかし、グレイで表した放射線の量が同じでも、放射線の種類や放射線が当たった部位（ぶい）が異なると、現れる影響の程度に差が出てきます。特に 7.4 以下で述べる確率的影響の場合にはこの差が顕著（けんちょ）です。そこで、放射線から身を守ること（**放射線防護**（ほうしゃせんぼうご））を考えるとき、放射線が人体に与える影響の程度を、放射線の種類や放射線が当たる部位に関係なく、ひとつの物差し（ものさ）で表せれば便利です。このような放射線防護の目的で決められた物差しの目盛り（めも）が、**シーベルト**（Sv）という単位です。その千分の1を**ミリシーベルト**（mSv）といいます。百万分の1をマイクロシーベルト（μSv）といいます。

7.2 外部被ばくと内部被ばく

人体が放射線を受けることを**被ばく**といいます。放射線から身を守る立場からは、人体が放射線を受ける様子を**外部被ばく**と**内部被ばく**の二つに分けて考えます。

外部被ばくは、放射線を出す源（みなもと）が体の外にあって、体の外から放射線を受けることです。内部被ばくは、体の中に入ったラジオアイソトープが源となり、体の中から放射線を受けることです。

外部被ばくは、放射線を出す源（みなもと）から遠ざかれば、さけることができます。これに対して内部被ばくは、体の中に入ったラジオアイソトープが、体外に排出（はいしゅつ）されたり、半減期に従って減衰（げんすい）する以外に、さける方法はありません。

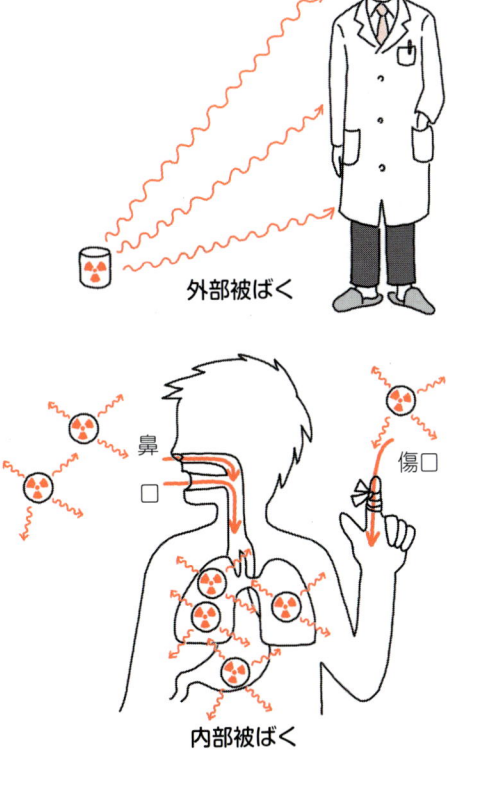

外部被ばく

内部被ばく

7章　人が放射線を受けると危険ですか？

7.3 放射線の受け方が違うと影響も違ってくる

放射線の受け方にもいろいろあります。外部被ばくと内部被ばくについては、前節で述べました。

放射線を全身に一様に受けることを**全身被ばく**といい、体の一部分だけが放射線を受けることを**局部被ばく**といいます。局部被ばくでは、被ばくしたところに影響が起こりますが、全身被ばくでは、身体の中で放射線に対して感受性の高い（放射線に対して弱い）ところに起こる影響が問題になります。

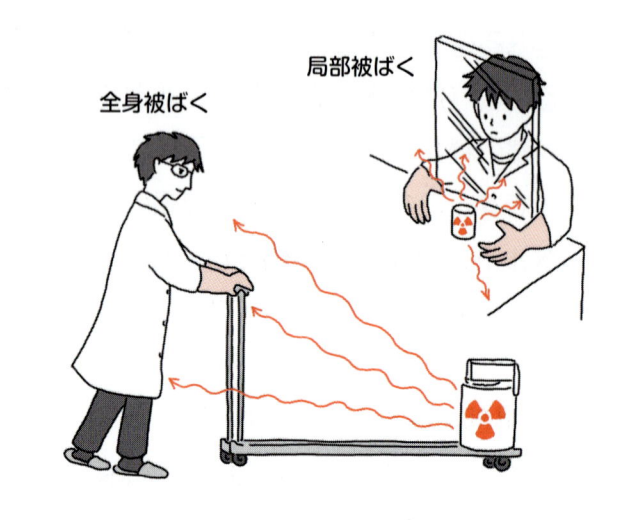

放射線を少しずつ長い期間にわたって受けた場合の影響は、同じ量の放射線を短い時間内に強く受けた場合の影響に比べると、ずっと小さいことがわかっています。これは、人の体に備わっている回復作用のおかげです。

7.4 放射線の影響を分類すると

　私たちは1年間に約2.4ミリシーベルトの自然の放射線を受けています。これの数十倍の量の放射線を受けても臨床的な障害は認められません。この程度の少量の放射線による影響が実際にあるのか、ないのかはっきりしないのは、放射線以外の影響に埋もれてしまって確認することができないのがその理由です。

　ただし、人類はこの**自然放射線**のある環境中で過ごし、進化してきたことが歴史的事実であることは、忘れてはいけません。

　大量の放射線を受けると身体にいろいろな影響が現れます。放射線を受けたときに起こるいろいろな影響を整理し、分類してみると、下の表のようになります。

　また、見方を変えて、放射線を受けた本人に現れる**身体的影響**と、その人の子孫に現れる**遺伝的影響**とに分類することもできます。

放射線影響の分類

放射線影響	「しきい値のある影響」（しきい値はかなり高いので、事故などのときでないと起こらない。**確定的影響：組織反応**ともいう。）	皮膚の紅斑、脱毛、白血球減少、不妊など	放射線を受けて間もなく現れる影響（**急性影響**）	放射線を受けた本人に現れる影響（**身体的影響**）
		白内障、胎児への影響など	放射線を受けたのち長い年月が経ってから現れる影響（**晩発影響**）	
	「しきい値がないと仮定する影響」（しきい値がなく、低い線量でも起こる可能性があると仮定する。**確率的影響：がんと遺伝的影響**ともいう。）	白血病、がんなど		
		代謝異常、軟骨異常など	放射線を受けた人の子孫に現れる影響（**遺伝的影響**）	

7.5 「しきい値のある影響」と「しきい値がないと仮定する影響」

　放射線をたくさん受けると、血液中の白血球の数が減少することはよく知られています。この場合を例にとって、しきい値について説明しましょう。一度に放射線を受けた場合でも、250ミリグレイ以下では白血球は減少しません。しかし、250ミリグレイを超えると、人によっては白血球が減少します。このように、症状が現れる最小の放射線の量を**しきい値**または**しきい線量**といいます。しきい値が認められるような影響を「**しきい値のある影響**」（確定的影響：組織反応）といいます。受ける放射線の量がしきい値を超えるとその影響が確実に現れるという意味です。

＊確定的影響（組織反応）の線量を現す場合には、単位は、確率的影響（発がんなど）を基にして組み立てられた「シーベルト」ではなく、吸収線量「グレイ」を用いることになっています。

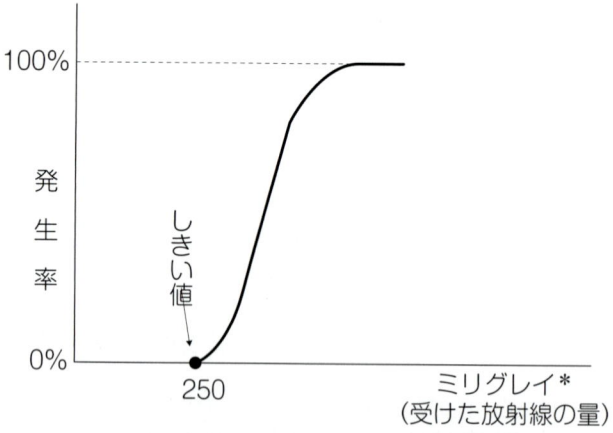

しきい値のある影響の例：白血球の減少

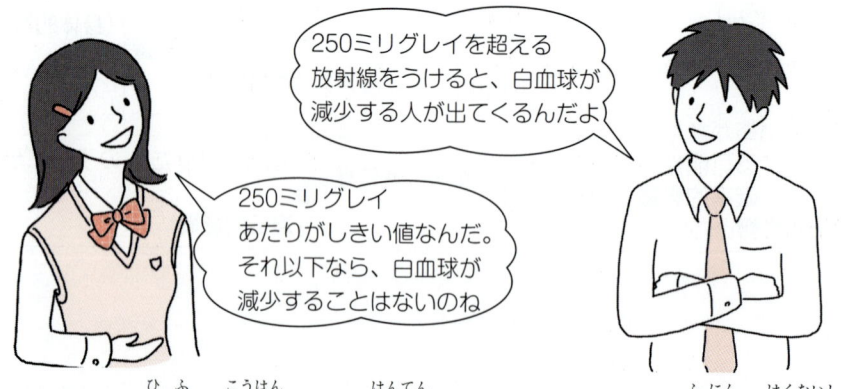

250ミリグレイを超える放射線をうけると、白血球が減少する人が出てくるんだよ

250ミリグレイあたりがしきい値なんだ。それ以下なら、白血球が減少することはないのね

　7.4の表中の、皮膚の紅斑（赤い斑点ができる）、脱毛、不妊、白内障（眼の水晶体が濁る病気）などは「しきい値のある影響」の例です。

7章 人が放射線を受けると危険ですか？

　放射線によるがんの発生にはしきい値がないと仮定し、受けた放射線の量が増えるにしたがって、がんの発生する可能性（確率）が高くなると考えます。国際放射線防護委員会（ICRP、9章9.1〜9.3参照）は、たとえば、100ミリシーベルトを全身に受けた人が100人あったとすると、それが原因で後年にがんができる人は、そのうちの0.55人くらいであるとしています。このような影響を「**しきい値がないと仮定する影響**」（**確率的影響：がんと遺伝的影響**）といいます。放射線を多量に受けてもがんが確実にできるとはいいきれないし、反対に少量の場合でもがんが絶対にできないともいいきれない、という意味です。

　7.4の表に示すがん、白血病や、子孫に現れる可能性のある影響は「しきい値がないと仮定する影響」です。

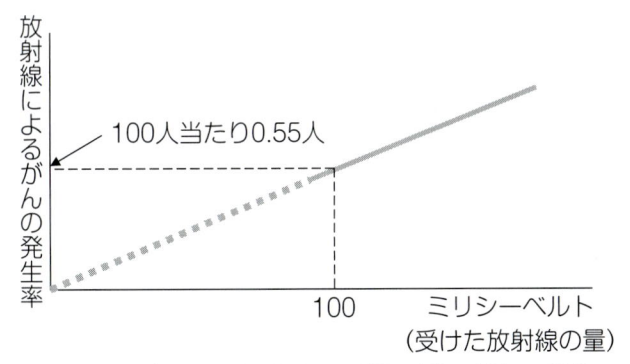

しきい値がないと仮定する影響の例：がんの発生

（グラフ：横軸 ミリシーベルト（受けた放射線の量）、縦軸 放射線によるがんの発生率、100ミリシーベルトで100人当たり0.55人）

- 国際放射線防護委員会は、受けた放射線の量が増えるに従って、がんの発生率が高くなるという仮定の下で、放射線防護の対策を考えるように勧告しているんだ
- 放射線を受けなくてもがんになる人は多いわよね
- がんの発生原因は、ほかにも、いろいろ考えられるんだ。7.7も見てみよう

7章　人が放射線を受けると危険ですか？

　ここで、「しきい値のある影響」と「しきい値がないと仮定する影響」について、道路上の交通状況を例にとって、説明してみましょう。自動車の量が受けた放射線の量に相当（そうとう）すると思ってください。

　道路上の自動車が少ないときは、車の流れはスムーズです。それでも、たまには事故を起こす車があります。これが「しきい値がないと仮定する影響」の発生に対応します。

　自動車の数が増えてくると、車の流れが悪くなり、渋滞（じゅうたい）になります。交通量がある限界（**しきい値**）を超えると、必ず渋滞になります。これが「しきい値のある影響」に対応します。

7.6 一度に多量の放射線を受けて間もなく現れる影響

多量のＸ線やガンマ線を全身に一度に受けたとき、おそくとも数十日以内に現れる影響（**急性影響**）の症状と、受けた放射線の量との関係を下の表に示します。かなり個人差がありますが、放射線をどのくらい受けるとどのような症状が現れるかということはよくわかっています。

放射線を一度に全身に受けたときに現れる症状と放射線の量の関係

Ｘ(ガンマ)線の量 ミリグレイ*	症　状
100以下	医学的検査で症候が認められない
250	白血球が一時的に減少するしきい値
500	白血球が一時的に減少し、やがて回復
1,000	吐き気、嘔吐、全身倦怠、リンパ球著しく減少
1,500	50％の人が放射線宿酔（二日酔いに似た症状）
2,000	5％の人が死亡
4,000	30日以内に50％の人が死亡
6,000	2週間以内に90％の人が死亡
7,000	100％の人が死亡

＊従来のテキストなどではシーベルト単位を使っているものもありますが、ICRPは、急性影響の場合には、放射線の種類とエネルギーを併記してグレイを用いることを勧告しています。
　受けた放射線がＸ線やガンマ線の場合には、次の式がなりたちます。
　100ミリグレイ＝100ミリシーベルト

上の表に出ているような症状は、重大な事故のときでなければ現れません。症状の現れ方には個人差があります。

7.7 放射線を受けたのち長い年月が経ってから現れる影響

放射線を受けた直後にはなんともなくても、長い年月が経ってから現れる影響（**晩発影響**）があり、代表的な例として、**白血病、がん、白内障**が挙げられます。放射線を受けてから影響が現れるまでの期間は**潜伏期**とよばれ、数年から数十年に及びます。すでに述べたように、このような影響は放射線を受けたすべての人に現れるわけではありません。

放射線を受けたのち長い年月が経ってから現れる影響と同様な症状は、放射線以外の原因によっても起こります。がんや白内障など、潜伏期の長い影響の症候は、放射線を受けたために起こったのか、他の原因で起こったのかを区別することが非常に困難です。

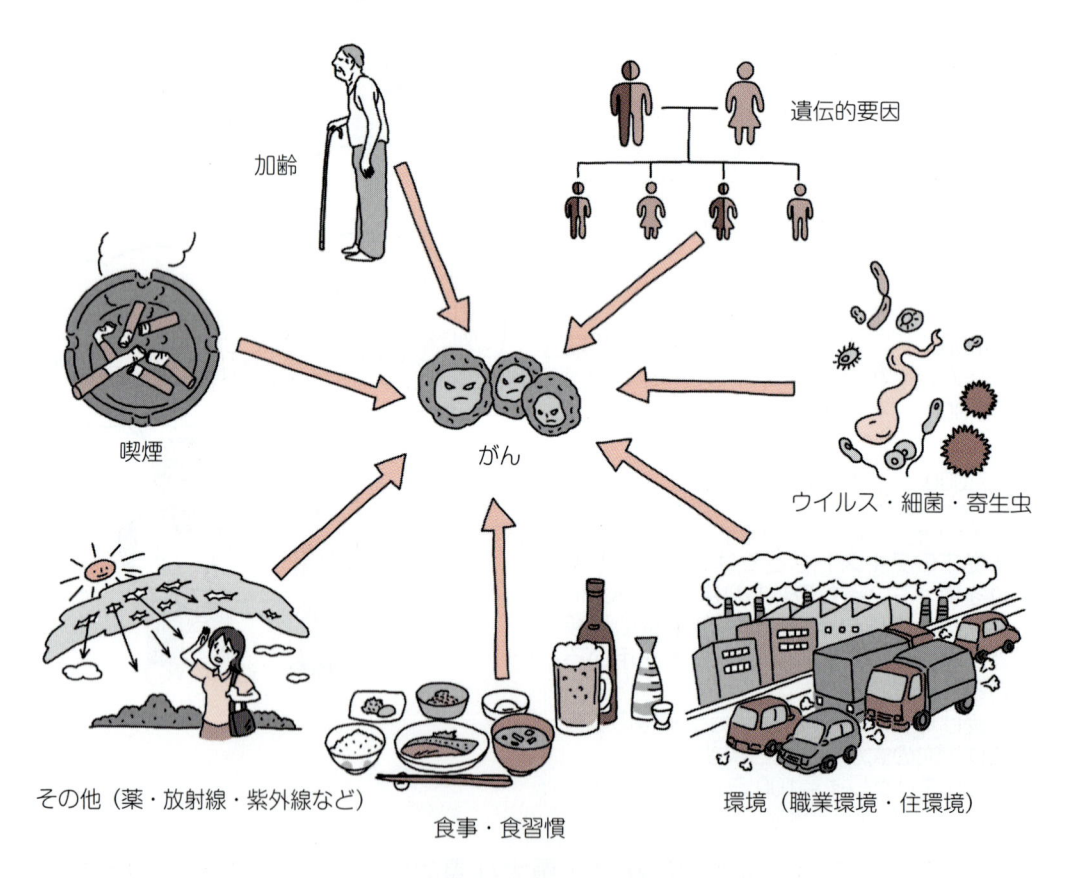

いろいろな発がんの原因

7.8 子孫に現れる可能性のある影響

　放射線を受けた人の子孫に現れる可能性のある影響（**遺伝的影響**）については、古くから研究されてきました。しかし、広島、長崎の原爆で放射線を受けた人々についての調査結果からさえも、人間については放射線を受けたことによって子孫に影響が発生したという事実はいまだ確認されていません。

　ラットやサルを用いた実験の結果を人間にあてはめて、放射線をどれだけ受けると子孫にどのような影響が発生する可能性があるかが推定されています。

　遺伝的な影響として現れる可能性があると推定される障害は、がんと同じように、放射線以外の原因、たとえば食品添加物、医薬品、喫煙などによってもある発生率で起こっています。国際放射線防護委員会（9章9.1～9.3参照）は、たとえば、1度に100ミリシーベルトを全身に受けた人が1万人あったとすると、遺伝的な影響の現れる可能性はそのうちの1人くらいであると推定しています。

　妊娠中の女性が腹部に100ミリシーベルトを超えるような放射線を受けると、胎児に影響が現れる可能性が指摘されています。しかし、これは遺伝的影響ではありません。胎児としての個人が放射線を直接に受けたと考えられるからです。

7章　人が放射線を受けると危険ですか？

7.9 放射線から身を守る立場からはどんな影響を問題にするのか？

　放射線を取り扱う事業所では、余計な放射線を受けないようにつとめているので、白血球減少、皮膚の紅斑(こうはん)、脱毛、不妊(ふにん)、白内障(はくないしょう)などの「しきい値のある影響（確定的影響）」が起こることはまずありません。通常の放射線作業で受ける放射線の量よりも、しきい値がずっと高いからです。そこで、白血病、がん、遺伝的影響などの「しきい値がないと仮定する影響（確率的影響）」が発生する確率（危険性）を、合理的に、かつ適切(てきせつ)に低くおさえることが、放射線から身を守るための中心課題になります。一般の人についても同様です。

　「しきい値がないと仮定する影響」の発生しやすさの程度（確率）は、次の表のように評価されています。

各組織・臓器の「しきい値がないと仮定する影響」の発生する確率

臓器・組織	「しきい値がないと仮定する影響」の発生しやすさ（大小）
肺、胃、結腸、骨髄、乳房、残りの組織・臓器	大 ↑ 小
生殖腺	
甲状腺、食道、膀胱、肝臓	
骨表面、皮膚、脳、唾液腺	

（ICRP2007年勧告を参考にして作成）

　外部被ばく、内部被ばく、またその両方であっても、受けた放射線の量（シーベルト）が同じであれば、「しきい値がないと仮定する影響」が発生する確率は同じです。

7.10 自然の放射線をどのくらい受けているのだろうか？

　人体が受ける**自然放射線**の量は地域によって違いますが、平均すると1年間に約2.4ミリシーベルトです。その内訳をみてみましょう。

　宇宙線により約0.39ミリシーベルト、大地からの放射線により約0.48ミリシーベルトを受けます。このふたつの場合は、体の外側から来る放射線を受けるので、外部被ばくになります。

　食物などから**カリウム-40**、**炭素-14**などの自然のラジオアイソトープが体内に入ってきます。これらが出す放射線により約0.29ミリシーベルトを受けます。また、呼吸をすることで空気中のラドンなどを吸入するとラジオアイソトープが肺に溜ります。これらのラジオアイソトープが出す放射線により約1.26ミリシーベルトを受けます。このふたつの場合は、体の中か

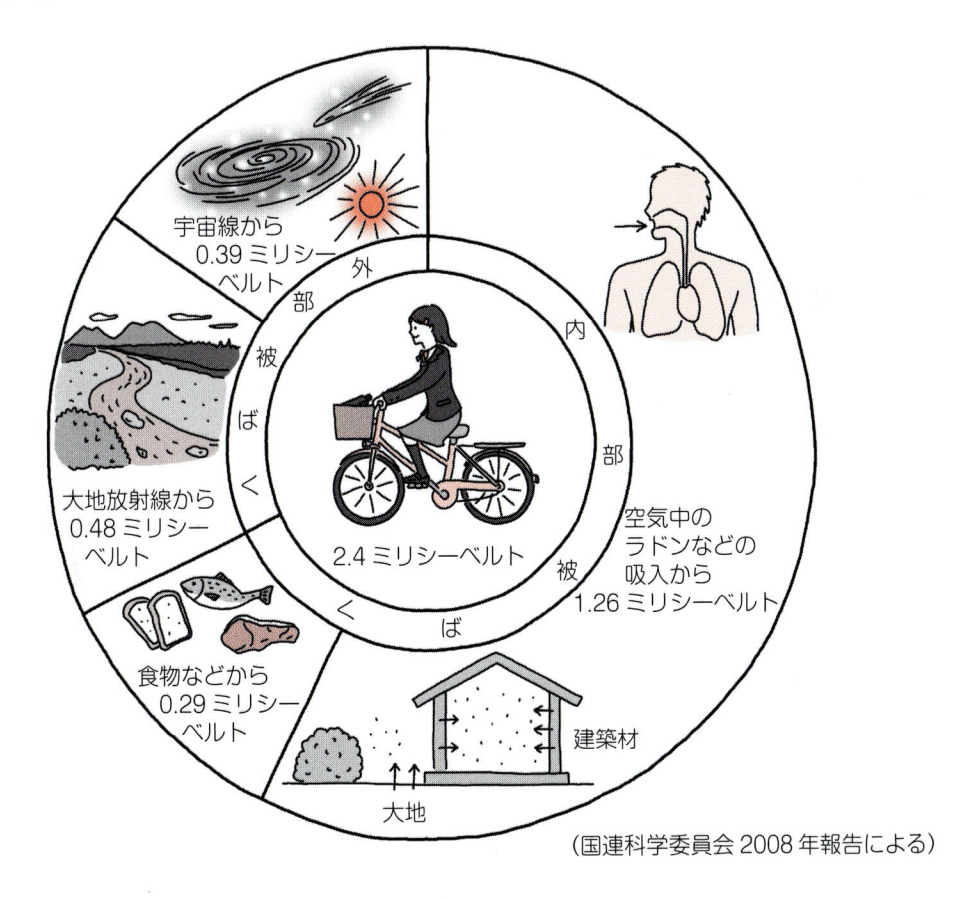

（国連科学委員会 2008年報告による）

ら出る放射線を受けるので、内部被ばくになります。

　大地からの放射線は、日本は平均0.4ミリシーベルト、県別平均の最高で1.26ミリシーベルトですが、たとえば、イランのラムサール地方は、平均10.2ミリシーベルト、最高で260ミリシーベルトもの高い値が報告されているように、世界の中には、自然の環境でも非常に高い線量のところがあります。しかし、古くからそのような自然放射線量の高い地方で生活している住民の健康にも、特別な影響は見いだされていません。

　一方、人工放射線から受ける1人当たりの被ばく線量の世界平均値が**国連科学委員会（UNSCEAR）**から報告されています。それによりますと、1年で約0.6ミリシーベルト（放射線診断0.6、大気圏内核実験0.005、職業被ばく0.005、チェルノブィリ事故0.002、原子力発電0.0002の合計：単位はミリシーベルト／年）です。放射線診断からの線量が最も多いことがわかります。一部の先進国では放射線診断による線量は、自然放射線からの被ばく線量2.4ミリシーベルト／年に匹敵するとの報告があります。

7.11 診断で受ける放射線の量はどのくらいだろうか？

　国連科学委員会（UNSCEAR）の報告書によると、世界的には一般的なX線検査では1件あたり0.1〜7.4ミリシーベルト、X線CT検査では1件あたり2.4〜12ミリシーベルトの放射線を受けています。

　健康診断で受ける胸部のX線間接撮影では、下表の一般X線診断の最も少ない量を受けると考えて良いでしょう。

放射線診断による被ばく線量

診断	検査	1件あたりの線量 （ミリシーベルト：mSv）
X線診断	一般X線診断	0.1〜7.4
	CT検査	2.4〜12
歯科X線診断	歯科X線検査	0.2〜1.3
核医学診断	核医学検査	4.5〜19

（国連科学委員会　2008年報告による）

8章　放射線をみつけるには？

8.1 放射線は簡単にみつけられる

　放射線は人間の五官に感じないため、不安感をつのらせてしまいがちのようですが、実は、放射線は適切な測定器を使うと非常に低いレベルのものまで簡単に測定できます。その意味では、たとえば残留農薬などの有害物質よりも、みつけたり、測ったりしやすいといえます。

　放射線は手で持てるような測定器でみつけられるんだよ。

　放射線が漏れているか、いないか、施設や器物などがラジオアイソトープで汚染しているか、いないかは、軽量小型の測定器でも簡単にわかります。このような携帯型の放射線測定器をサーベイメータといいます。

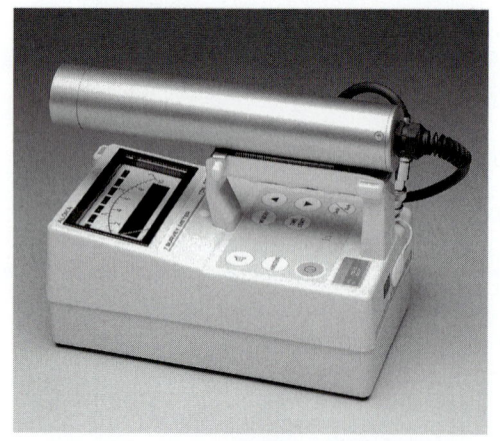

シンチレーション式サーベイメータ　　　ＧＭ管式サーベイメータ

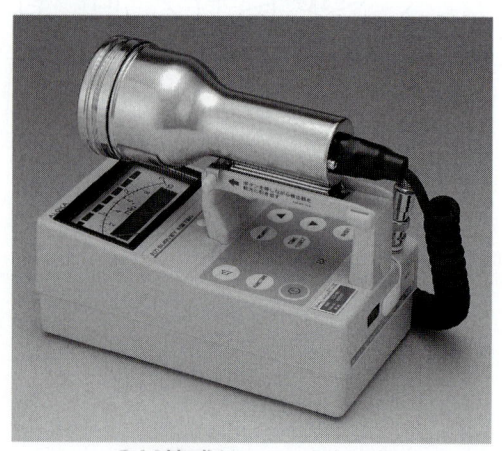

8章 放射線をみつけるには？

8.2 放射線をどれだけ受けたかを測るにはどうするか？

体の外から受けた放射線の量（シーベルトで表した値）を測るためには、**ポケット線量計**（せんりょうけい）、**蛍光ガラス線量計**（けいこう）、**光刺激ルミネセンス（OSL）線量計**（ひかりしげき）、**熱ルミネセンス線量計（TLD）**など、体に着用する小型で便利な測定器があり、**個人線量計**（こじんせんりょうけい）とよばれています。これらを用いると、0.1ミリシーベルト以上は確実に測れます。

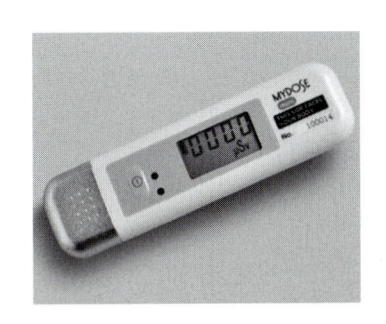

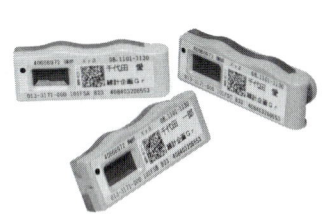

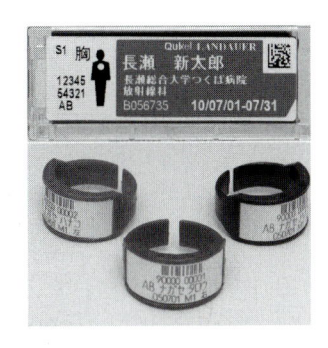

いろいろな個人線量計

個人線量計は、通常、男性は胸部に、女性は腹部に着用します。なお、体の他の部分が放射線を多く受ける可能性があるときには、その部分（たとえば指先）にも着用します。

放射線の作業をする人は、正しく動作するように整備（せいび）された個人線量計をいつも身につけているので、安心して仕事ができます。これは、放射線が簡単に測れるからです。他の種類の人体に有害な物質を扱う作業を行なう場合には、放射線のように各個人について人体への影響度（えいきょうど）を仕事中ずっと測ることは残念ながらできません。

8章 放射線をみつけるには？

　万一、ラジオアイソトープを体内に取り込んだ場合に対しても、体の中から受けた放射線の量（シーベルトで表した値）を評価するいろいろな方法が用意されています。

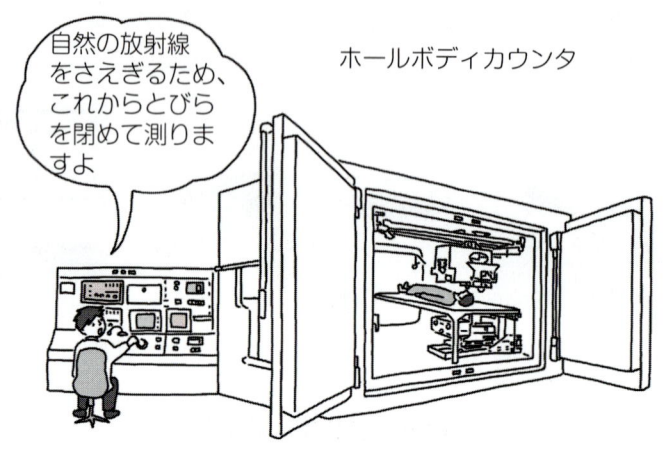

体外計測法（たいがいけいそくほう）：ホールボディカウンタで体内の微量な放射能を体の外から測定する

（自然の放射線をさえぎるため、これからとびらを閉めて測りますよ）

ホールボディカウンタ

バイオアッセイ法：尿（にょう）、糞（ふん）、呼気などを分析して測定する

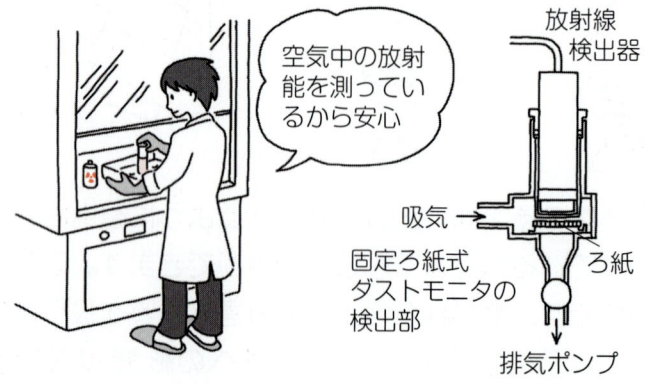

シンチレーションカウンタ

アイソトープは、糞や尿と共に排出される

計算法：作業室の空気中の放射能を測定し、この値を用いて計算する

（空気中の放射能を測っているから安心）

放射線検出器
吸気
固定ろ紙式ダストモニタの検出部
ろ紙
排気ポンプ

8.3 環境の放射能をどうやって監視するのか？

　水、土、空気などの環境物質、野菜、水産物などの食品に含まれる放射能をきわめて低いレベルまで正確に測定する技術が確立されていて、原子力施設周辺の放射能監視(かんし)や原水爆(げんすいばく)実験などの影響調査に応用されています。

牛乳　約50ベクレル

野菜　96〜200ベクレル

サラダ油　約180ベクレル

米、麦　10〜25ベクレル

放射能を測る半導体検出器

魚、貝、海藻　7〜150ベクレル

肉　約60ベクレル

ビール　約5ベクレル

食品中に含まれるカリウム-40、炭素-14などの自然放射能（1キログラムあたり）

　現在、わが国の輸入食品に含まれる暫定限度(ざんていげんど)は、1キログラムにつき370ベクレル（セシウム-134とセシウム-137の合計値）です。

9章　放射線を安全に使うルールは？

9.1 放射線を安全に使うために法律が定められている

　国際放射線防護委員会（略称：ICRP）は、多くの研究成果に基づいて、放射線防護に関する勧告を1928年以来数多く刊行してきました。これらの勧告は国際的に有用な指針として認められています。

　わが国では、放射線、ラジオアイソトープを安全に取り扱うために、「放射性同位元素等の規制に関する法律」その他のいろいろな法令が定められています。これらの法令は、ICRPの勧告に書かれている基本的な考え方を尊重して定められています。

9.2 ICRPの基本的な考え方

　ICRPは、放射線防護の目的を、(A)「しきい値のある影響」が起こらないようにし、(B)「しきい値がないと仮定する影響」が起こる確率を容認される程度にまでおさえること、だとしています。通常(B)が満たされれば、結果として(A)は満たされることになります。

　ICRPは、放射線を利用するときに受ける放射線の量を合理的に制限するために次のような方針を打ち出しています。

　a．放射線の利用による利益が、そのために起こると予想される不利益と比べて大きいものであること **(正当化)**

　b．放射線被ばくは、経済的および社会的な要因を考慮に入れながら、合理的に達成できる限り低く保つこと **(最適化)**

　c．患者が受ける医療上の放射線や自然の放射線を除いた計画的な被ばくは、勧告した限度を超えないこと **(線量限度)**

> 利益と不利益の
> バランスを考え、
> 利益の方が
> ずっと大きいときだけ
> 放射線を利用するのね

9章　放射線を安全に使うルールは？

9.3 被ばくの限度はどう決められているのか？

　職業として放射線を取り扱う人は、法律では**放射線業務従事者**とよばれます。これらの人々の**被ばくの限度**は5年間につき100ミリシーベルト（ただし、どの年も50ミリシーベルトをこえないこと）と法律で定められています。ただし、自然放射線の被ばくと患者として医療で受ける被ばくを除きます。

　ICRPは、一般の人の被ばくの限度を1年間につき1ミリシーベルトにすることを勧告しました。これは、自然の放射線による被ばく線量の半分以下です。

放射線業務従事者：5年間につき100ミリシーベルト
（ただし、どの年も50ミリシーベルトをこえないこと）

一般の人：1年間につき1ミリシーベルト

9.4 許可、届出、検査などの制度がある

　放射線やラジオアイソトープを取り扱う事業所は、取扱いを始める前に許可を受けたり、届出をしなければなりません。また、安全確保のため、いろいろな検査を受けることになります。

許可・届出

施設や管理状況を調べます

どうぞよろしくお願いします。

立入検査、施設検査、定期検査、定期確認

9章　放射線を安全に使うルールは？

9.5 放射線管理区域を設定する

　放射線やラジオアイソトープを取り扱う事業所では、放射線レベルがある程度以上になるおそれのある場所を放射線管理区域(ほうしゃせんかんりくいき)に設定して、境界を明示し、一般の人々の立入りを制限します。

見学者（一時的立入者）

9.6 放射線取扱主任者を選任する

　国家資格の免状をもっている人を、**放射線取扱主任者**(ほうしゃせんとりあつかいしゅにんしゃ)に選任して、安全を監督(かんとく)させます。

安全取扱いの監督をしっかりとお願いします

わかりました

9章　放射線を安全に使うルールは？

9.7 放射線を安全に取り扱うためにいろいろなルールがある

　放射線を安全に取り扱うために、いろいろなルールが法令で決められています。これらの主だったものをイラストに示します。

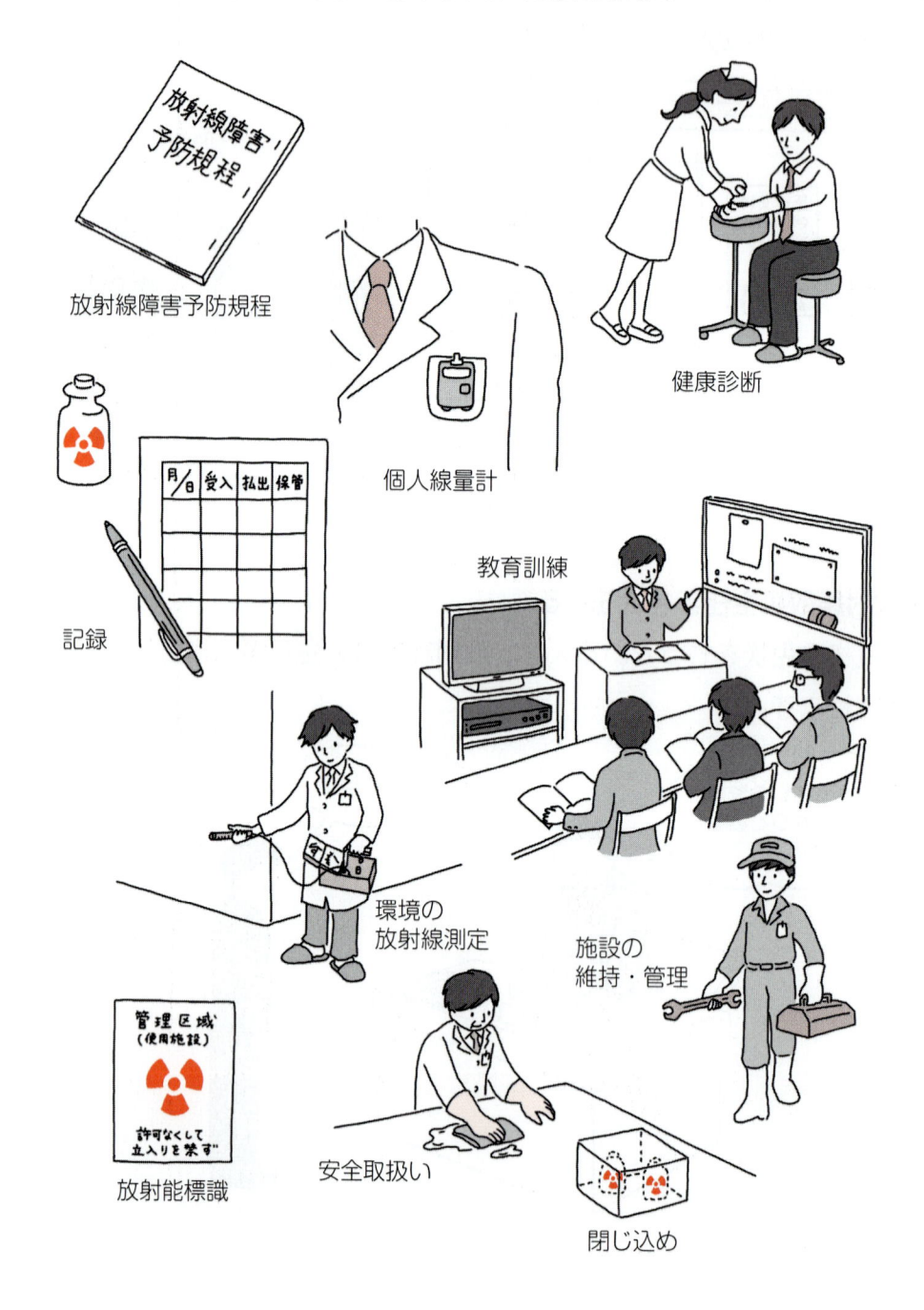

放射線障害予防規程

健康診断

個人線量計

記録

教育訓練

環境の放射線測定

施設の維持・管理

放射能標識

安全取扱い

閉じ込め

9.8 放射線施設の周辺に住む人々に対する義務

　余計なラジオアイソトープが施設の外に漏れて環境を汚染しないように、また放射線が外に漏れて一般の人が余計な放射線を受けることのないように、厳重に管理し、監視することが義務づけられています。施設からの排気、排水中の放射能の濃度を常に監視し、法律に定められた限度を超えないようにします。

　たとえば、ラジオアイソトープ実験室からの排水は、必ず貯溜槽に溜め、適切な処理を行ない、放射能濃度を測定して安全を確かめてから放流します。また、排気はエアフィルタなどで浄化し、放射能濃度を十分に低くしてから外部に排出します。このように、厳重な法規制により、ICRP が勧告している「1年間につき1ミリシーベルト」という一般の人の被ばくの限度（9.3参照）を超えることがないように管理しています。

9.9 放射性の廃棄物はどう処理されているか？

　ラジオアイソトープを使ったあとで不用になった放射性物質を含んだ廃棄物は、一般の廃棄物と一緒には捨てられません。これらは、法規に従って、日本アイソトープ協会が全国にわたって集荷し、安全に処理・保管しています。今後、処分のため施設が設置されれば、法令の定める基準に従って埋設施設に埋められることになります。

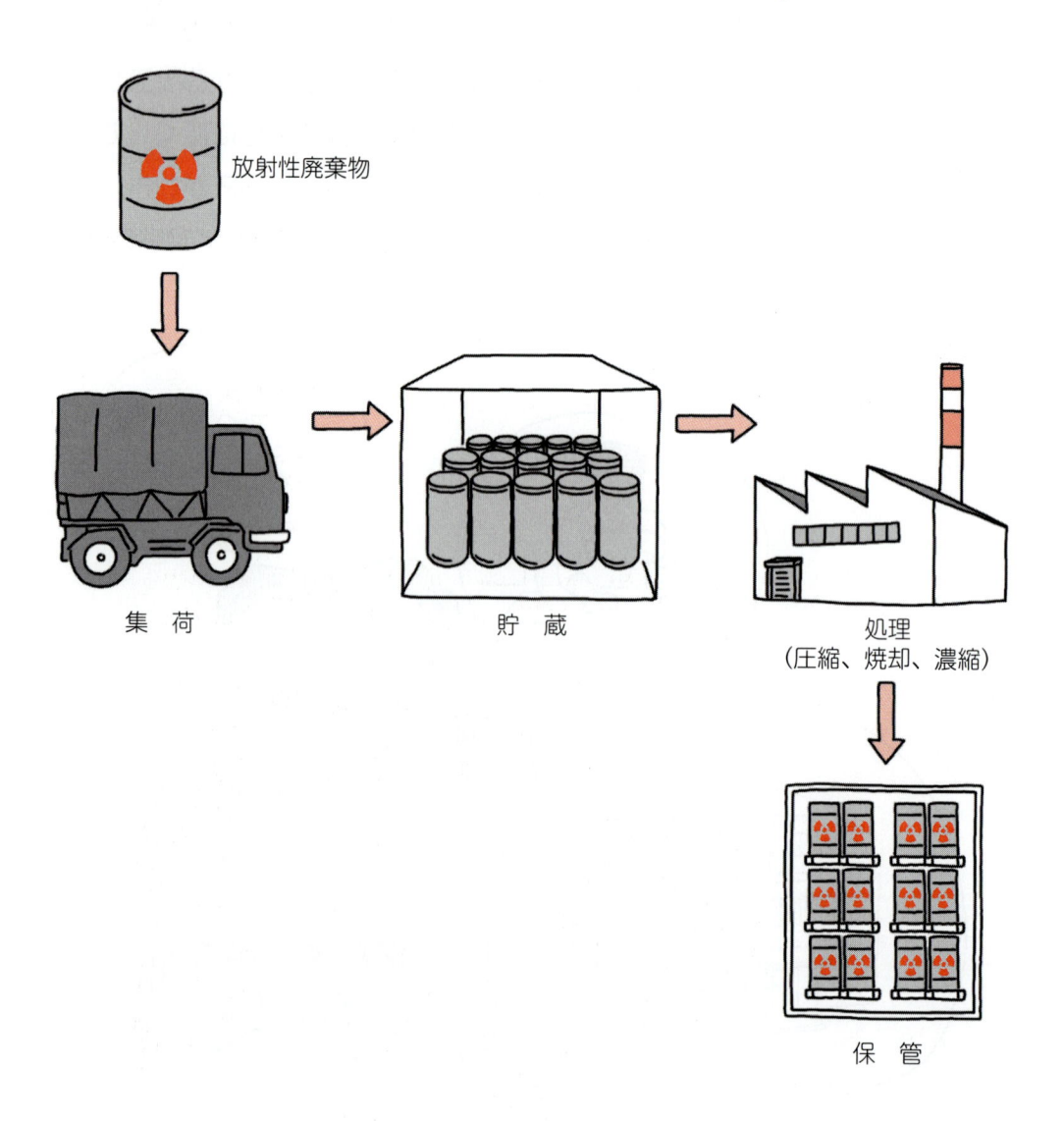

放射性廃棄物

集 荷　→　貯 蔵　→　処 理（圧縮、焼却、濃縮）　→　保 管

10章 放射線をもっとさぐってみよう！

10.1 大きい世界、小さい世界を眺めてみよう

　宇宙の一角に銀河系があり、その中に太陽系があります。太陽のまわりを水星、金星、地球、火星、木星、土星などの惑星がまわっています。地球はわれわれ人類が住む美しい天体です。人の体はたくさんの細胞からできていますが、その小さい細胞も、無数の原子からできています。

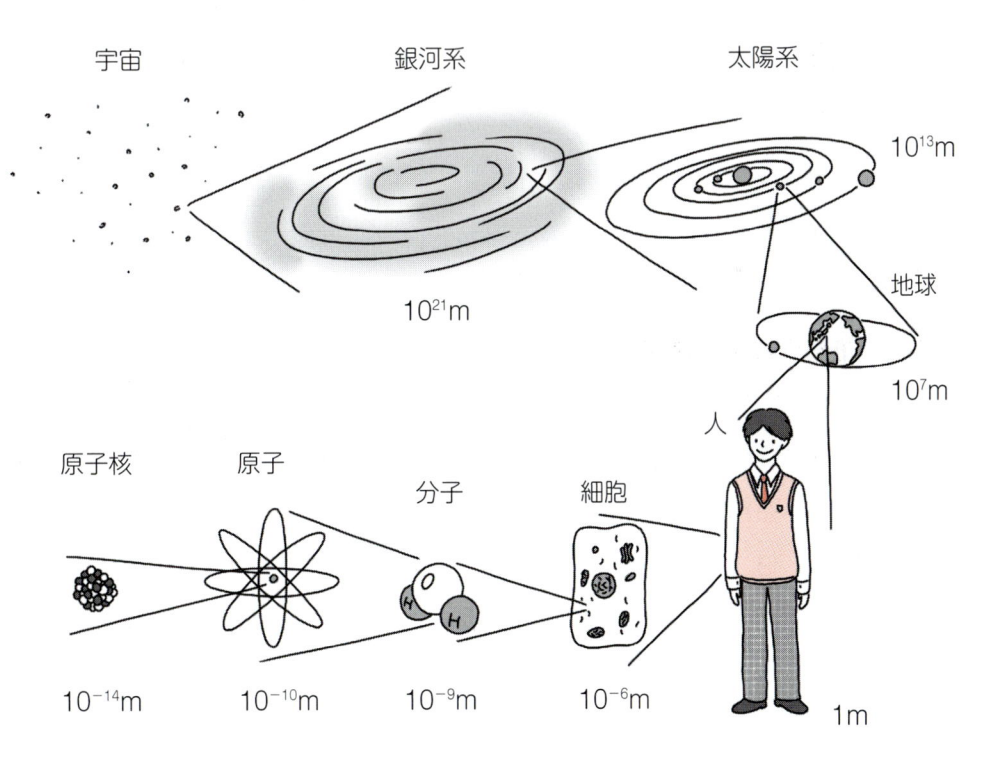

宇宙	銀河系	太陽系

10^{13} m — 地球 — 10^{7} m

10^{21} m

原子核 10^{-14} m　原子 10^{-10} m　分子 10^{-9} m　細胞 10^{-6} m　人 1 m

　アルファ線、ベータ線、ガンマ線は、実は、原子よりもさらに小さいところで誕生するのです。このことを以下に説明していきましょう。

10章　放射線をもっとさぐってみよう！

10.2 原子をのぞいてみると

　原子をのぞいてみましょう。原子は**原子核**と**電子**とからできています。原子の中心にはプラスの電気をもった重い原子核がどっかと腰をすえていて、そのまわりにマイナスの電気をもった軽い電子がいくつかそれぞれ決められた軌道の上をまわっています。これらの電子を**軌道電子**とよびます。通常は、原子核のプラスの電気と軌道電子全体がもっているマイナスの電気は釣り合っていて、原子は外から見ると電気的に中性です。

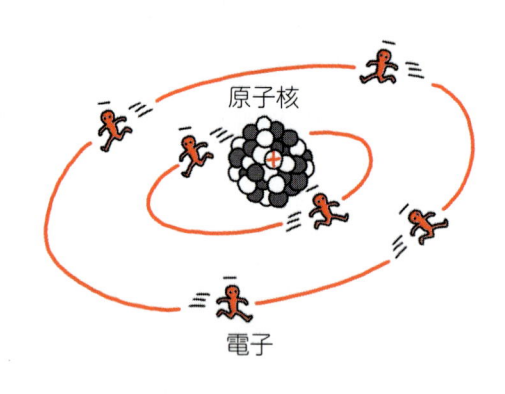

10.3 原子の大きさは？

　原子核の直径は 10^{-15} 〜 10^{-14} メートル*くらいです。原子核のまわりをまわっている電子の軌道の直径（原子の大きさ）は 10^{-10} メートル*くらいです。原子を東京ドームにたとえると、原子核はその真ん中に置かれたパチンコの玉ぐらいの大きさです。

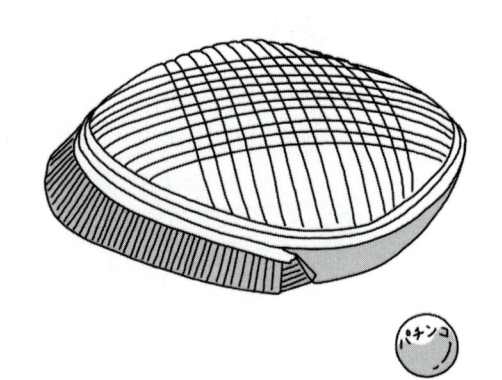

---

*　$10^{-15} = 1/10^{15} = 1/1000,000,000,000,000 =$ 千兆分の1

　$10^{-10} = 1/10^{10} = 1/10,000,000,000 =$ 百億分の1

10.4 原子核をのぞいてみると

　原子核をのぞいてみましょう。原子核はプラスの電気をもった**陽子**と電気をもたない**中性子**の2種類の粒子からできています。電子の電気量を－1とすると、陽子の電気量は＋1です。陽子と中性子の重さはほとんど同じです。電子の重さは、陽子や中性子の重さのわずか1840分の1くらいですから、原子の重さは原子核の重さと同じだと考えてもよいのです。原子核内の陽子の個数と軌道電子の個数とは同じです。陽子の個数と中性子の個数の組み合わせで原子核の種類が決まります。

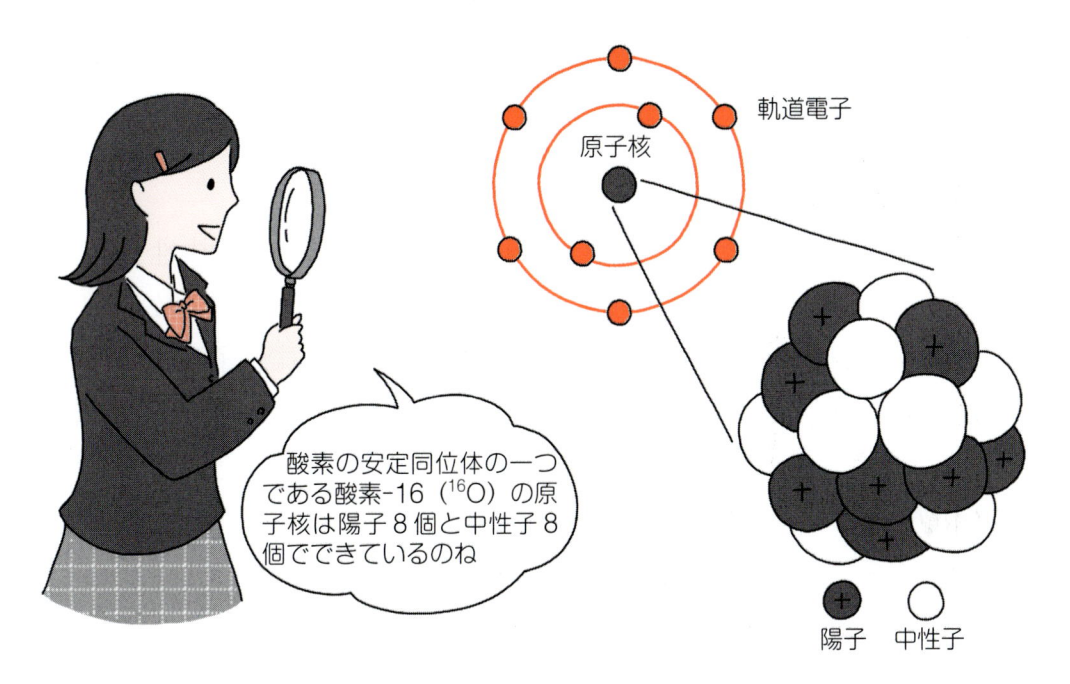

軌道電子
原子核

酸素の安定同位体の一つである酸素-16（^{16}O）の原子核は陽子8個と中性子8個でできているのね

＋ 陽子　○ 中性子

10章　放射線をもっとさぐってみよう！

10.5 原子核の中で陽子、中性子はくっつき合っている

　原子核の中では、陽子、中性子はぎっしりとくっつきあっています。**核力**といわれる非常に強い引力が働いているためです。陽子同士は互いに電気的に反発し合い離れ離れになろうとしていますが、中性子の存在のもとで核力がこれを引きとどめています。湯川秀樹博士は、核力の本質の研究により1949年にノーベル賞を贈られました。

> ボクらは核力のおかげで仲良し、ぴったりくっつきあってるんだ

中性子　　陽子

10.6 ラジオアイソトープとは？

　陽子と中性子が集まってできている原子核の性質は、陽子と中性子の個数で決まります。陽子の個数は、原子核の周りを回っている電子の数と同じです。この数を原子番号といいます。原子番号が同じでも中性子の数が違っていると、原子核としては別のものになります。これらを区別するため、中性子の数ではなく、陽子と中性子の数の合計を**質量数**とよび、この値によって**アイソトープ（同位体）**の種類を特定します。

　アイソトープの種類を元素名とその質量数で区別する場合には、「**核種**」ということもあります。

　例として、身の回りにある自然のカリウムのアイソトープについて下の表に示します。

自然にあるカリウムの同位体

核種名	カリウム-39	カリウム-40	カリウム-41
陽子の数	19	19	19
中性子の数	20	21	22
質量数	39	40	41
天然の存在割合	93.2581%	0.0117%	6.7302%

10章　放射線をもっとさぐってみよう！

　自然のカリウムには、3種類のアイソトープがあります。この中で、カリウム-40 はひとりでに放射線を出して別の種類の原子核に変わるので、**ラジオアイソトープ**です。つまりカリウム-40 は、「放射性核種」になります。カリウムにはこのほかに、人工のラジオアイソトープが6種類ほどあります。

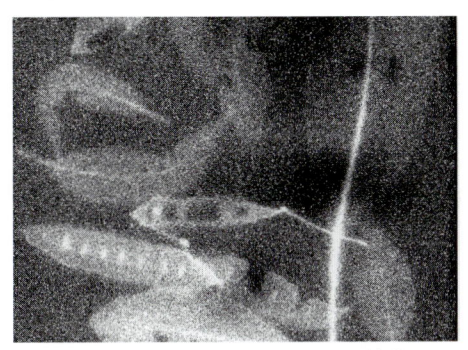

カリウム-40 からのベータ線像
（愛知工業大学　森　千鶴夫博士提供）

> マメ科の木の葉に含まれる自然のカリウム-40 からのベータ線が当たったところが白く見えてるんだ。

10.7 アルファ線の正体は高速で動いているヘリウムの原子核である

　ウランやトリウムのような数多くの陽子と中性子からできている重い原子核からは、陽子2個と中性子2個がひとまとめになった粒子が高速で飛び出すことがあります。この粒子は、ヘリウムの原子核と同じです。**アルファ線**は、原子核から飛び出した高速のヘリウムの原子核であるということもできます。アルファ線を出す壊変を**アルファ壊変**といいます。

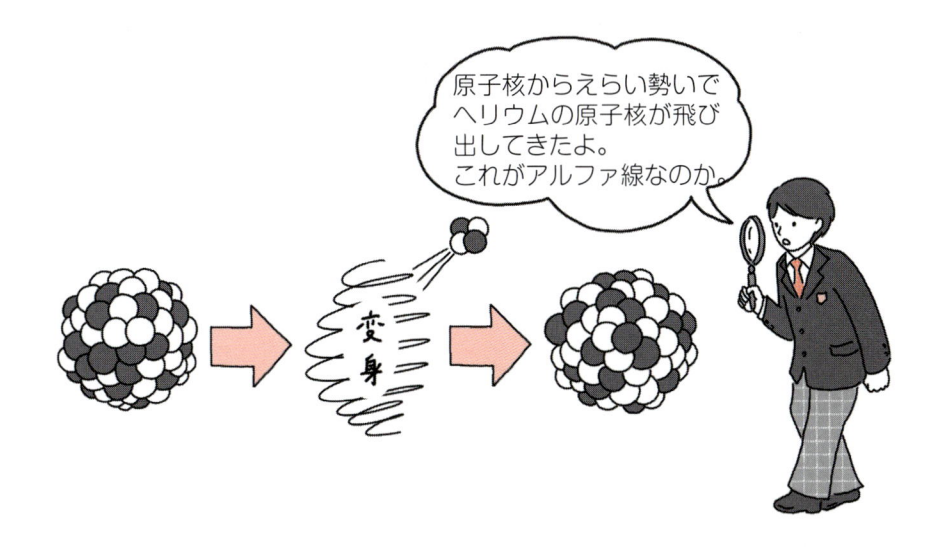

> 原子核からえらい勢いでヘリウムの原子核が飛び出してきたよ。これがアルファ線なのか。

10章　放射線をもっとさぐってみよう！

10.8 ベータ線の正体は高速で動いている電子である

　原子核の中の1個の中性子が陽子と電子とに変わり、原子核から電子が高速で飛び出すことがあります。この電子を**ベータ線**といいます。ベータ線を出す壊変を**ベータ壊変**といいます。

（吹き出し）原子核の中の中性子が電子を出して陽子に変わるんだよ　原子核からえらい勢いで電子が飛び出してきたよ。これがベータ線だよ。

トリチウム　陽子　1個／中性子2個　→　変身　→　ヘリウム-3　陽子　2個／中性子1個

ベータ線（電子）

（吹き出し）ベータ線って電子だったのか

　ベータ壊変には、実は**ベータマイナス壊変**と**ベータプラス壊変**の2種類があります。ベータマイナス壊変では、マイナスの電気を持った電子が原子核から飛び出してきます。これをベータマイナス線ともいいます。ふつうは、電子はマイナスの電気を持っていて、**陰電子**とも呼ばれますが、実は、プラスの電気を持った電子もあります。この電子は**陽電子**と呼ばれ、私達の身の回りには、たくさんはありません。次の10.9で陽電子のことについてのべます。

10章　放射線をもっとさぐってみよう！

10.9 原子核から陽電子が飛び出すこともある

　原子核内の1個の陽子が中性子と**陽電子**とに変わり、陽電子が高速で飛び出すこともあります。陽電子は電子と同じ重さですが、電気量は＋1です。陽電子を出す壊変を**陽電子壊変**といいます。

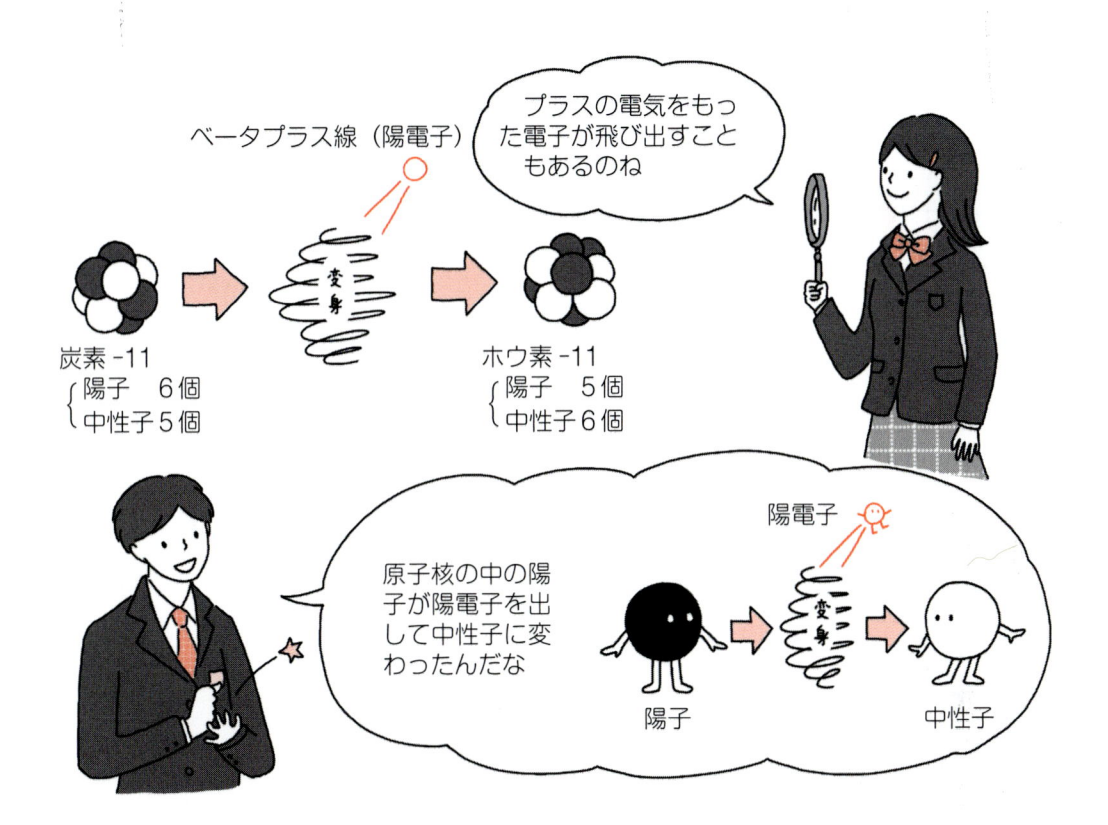

ベータプラス線（陽電子）

プラスの電気をもった電子が飛び出すこともあるのね

炭素-11
　陽子　6個
　中性子5個

ホウ素-11
　陽子　5個
　中性子6個

原子核の中の陽子が陽電子を出して中性子に変わったんだな

陽子　→　変身　→　中性子

陽電子

79

10章　放射線をもっとさぐってみよう！

10.10 陽電子は電子の反粒子である

陽電子は電子と結合して両方とも消えてしまい、そこから電磁波放射線が二つ反対方向に発射されます。これを**消滅放射線**といいますが、この放射線を検出して医療分野で重要な PET 検査の画像がえられます。電子と陽電子とは互いに**反粒子**であるといいます。

10.11 ガンマ線の正体は電磁波である

アルファ壊変やベータ壊変などが起こると、あとの原子核はたいてい興奮状態（これを**励起状態**といいます）になっています。原子核はこの興奮のエネルギーを外へ放り出して落ち着きたいのです。そこで興奮のエネルギーをガンマ線（電磁波）に変えて放出します。ガンマ線を放出しても原子核の種類は変わりません。

10章　放射線をもっとさぐってみよう！

なんだ、ガンマ線は波長の短い電磁波なのか

ベータ線

ガンマ線

冷却

コバルト-60
{ 陽子　27個
  中性子 33個 }

興奮状態にある
ニッケル-60
{ 陽子　28個
  中性子 32個 }

ニッケル-60
{ 陽子　28個
  中性子 32個 }

ガンマ線もX線も正体は同じ電磁波なのね

　ガンマ線とX線はいずれも電磁波であって正体(しょうたい)は同じです。ガンマ線は原子核から出るもの、X線は原子核の外でできるものとして区別されているにすぎません。エネルギー（波長）の大小で区別されているわけではありません。発見された時に、正体が分らないまま付けた名前がそのまま使われています。

10章 放射線をもっとさぐってみよう！

10.12 電磁波とは？

X線、ガンマ線は、電波、赤外線、可視光線、紫外線などとともに**電磁波**の仲間です。電磁波は、光の速度（1秒間に30万キロメートル、すなわち地球を7まわり半の距離）でエネルギーを伝える一種の波です。電磁波は、波長によってその性質が大きく変わるので、様々な名前で呼ばれているのです。波長が1m程度と長い電波は、テレビ放送の信号を送るのに使われます。また、電子レンジでものを加熱するのに使われる電磁波の波長は1cm程度です。

電磁波の波長

波長（メートル）	10^{-12}	10^{-5}	4×10^{-7}	8×10^{-7}	10^{-4}	10^{-3}	10^{4}
名称	ガンマ線・X線	紫外線		可視光線	赤外線		電波

電磁波は、不思議なことに、波長が短くなるほど粒子としての性質を強く表すようになります。電磁波を粒子の流れとみたとき、これを**光子**といいます。波長が短いほど光子のエネルギーは大きくなります。

ワタシは波なの？

ワタシは粒子なの？

10.13 放射線と放射能、放射性物質は違う

「放射能」と「放射線」はよく似た言葉で、ときどき混同されます。ラジオアイソトープを含んでいる物質を放射性物質といいます。放射性物質を電灯にたとえると、電灯が放つ光線が**放射線**であり、電灯の光線を出す性質あるいは能力が**放射能**にあたります。放射能という言葉は放射能の強さの意味にも使われます。電灯のワット数が放射能の強さ、すなわち、ベクレルにあたります。

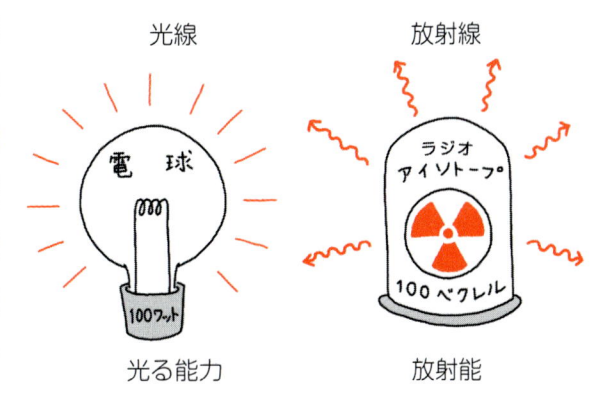

「**放射線漏れ**」というのは、放射線をさえぎる囲みの外に放射線が出てくることです。これに対して、放射性物質が囲みの外の環境に漏れる意味で「**放射能漏れ**」という言葉がときとして使われますが、これは正しくありません。正確には「**放射性物質漏れ**」です。もちろん放射線も漏れています。言葉の使い方に気をつけないと誤解を招きます。

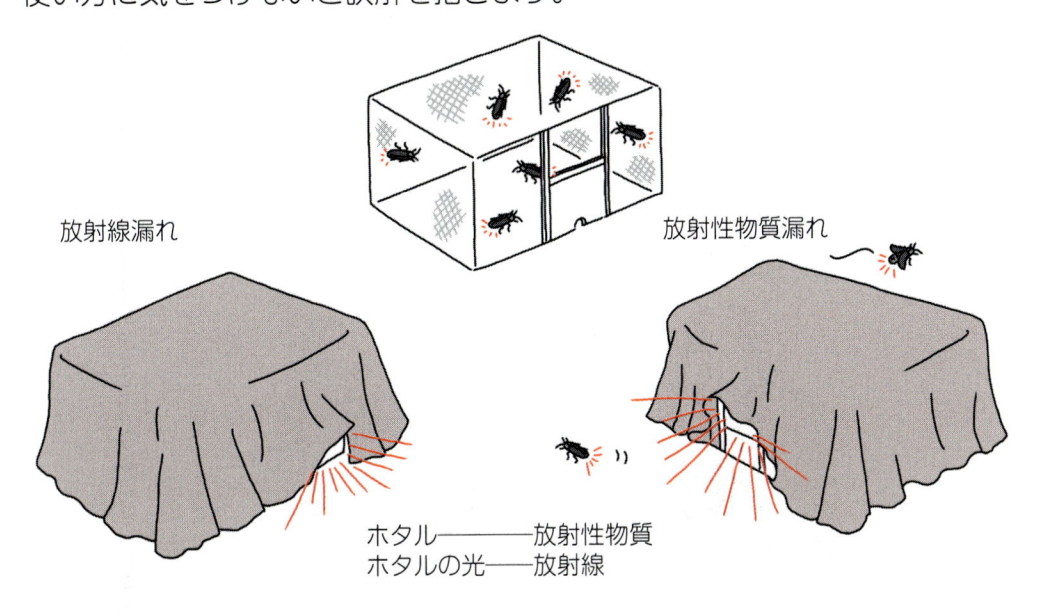

ホタル————放射性物質
ホタルの光——放射線

10.14 放射線は物を通り抜ける能力をもっている

　放射線は、その種類とエネルギーによって違いますが、大なり小なり物質を通り抜ける能力（**透過力**）をもっています。一般に、ガンマ線（X線）がもっとも透過力が大きく、ベータ線がこれにつぎ、アルファ線はあまり透過力がありません。アルファ線の透過力が小さいということは、アルファ線は物質中で強く電離、励起を起こす、つまりエネルギーを失いやすいことを意味します。

放射線の種類が違うと物質を通り抜ける力が違ってくるのか

ガンマ線でもエネルギーによって通り抜ける力が違うそうよ

10.15 電離、励起とはどんなことか？

　電気的に中性の原子に外から放射線などのエネルギーが与えられて、軌道電子が原子の外へ追い出されると、原子はプラスの電気をもつようになります。これを**陽イオン**といいます。このように、原子が陽イオンと自由な電子とに分かれることを**電離**といいます。電離は分子でも起こります。

　原子に外から放射線などのエネルギーが与えられて、電子の軌道が外側に膨らむと、原子はいわば興奮状態になります。これを原子の**励起**といいます。分子の場合にも励起は起こります。興奮のエネルギー（励起エネルギー）を電磁波の形などで外へ放出して、もとの安定な状態に落ち着きます。

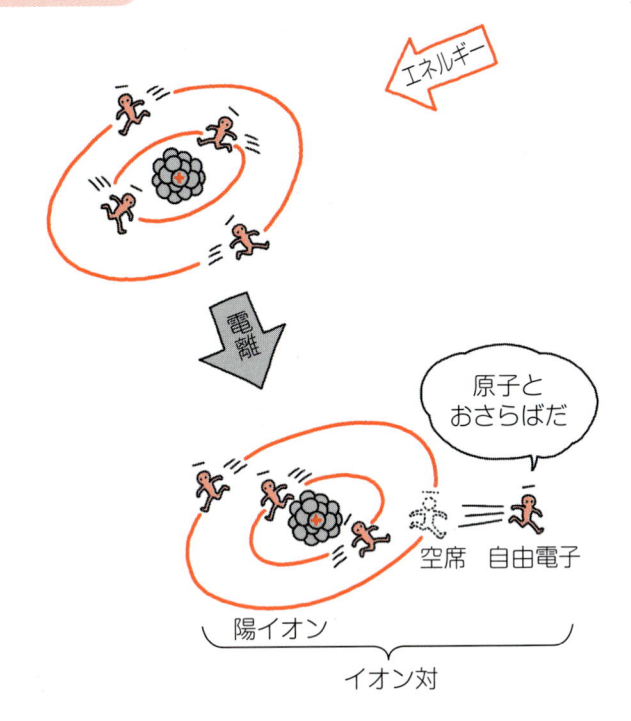

10章 放射線をもっとさぐってみよう！

10.16 放射線は電離や励起を起こす

　放射線が物質の中を通過するときには、もっているエネルギーをその道筋にある原子や分子に与え、電離や励起を起こします。電離と励起は、放射線の物質に対する作用のうちでもっとも基本的な作用です。以下に述べる蛍光作用、写真作用、化学作用、生物影響などはすべて電離、励起が引き金になって起こります。

　アルファ線、ベータ線、ガンマ線が起こす電離の様子は大きく違っています。アルファ線は、ベータ線やガンマ線に比べて非常に大きい密度の電離を起こします。

アルファ線
ベータ線
ガンマ線
ガンマ線にはねとばされた電子
短波長　長波長
● 陽イオン
● 電子

　電離作用を利用して放射線を測る検出器がいろいろあります。たとえば、**GM計数管**（ガイガー・ミュラー計数管）、**電離箱**、**比例計数管**、**ゲルマニウム半導体検出器**などです。イラストに電離箱の原理を示します。

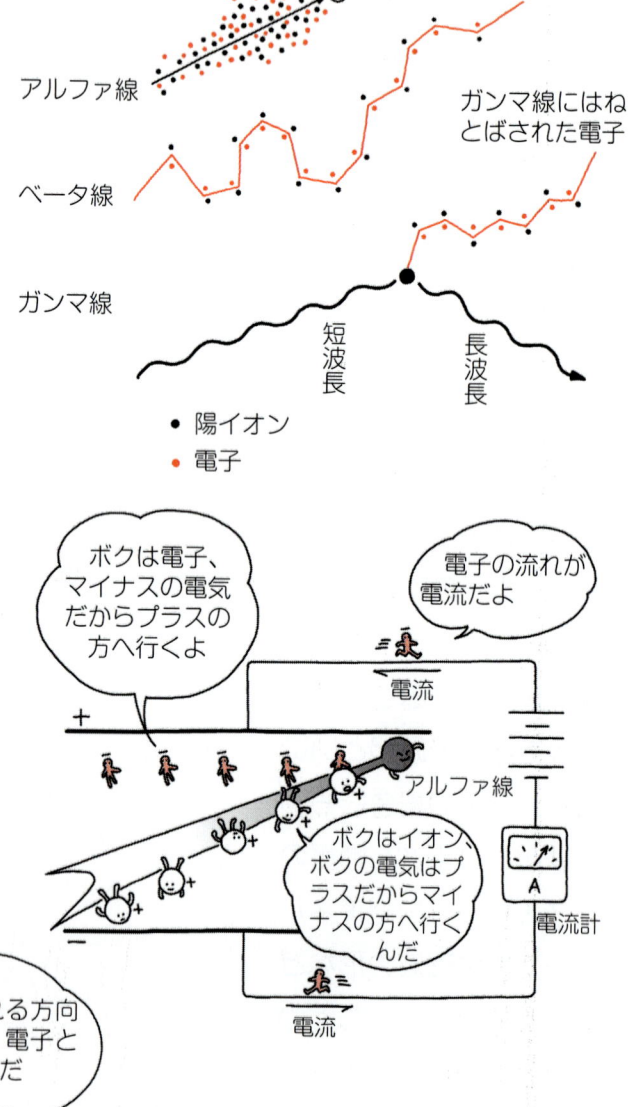

ボクは電子、マイナスの電気だからプラスの方へ行くよ

電子の流れが電流だよ

電流
アルファ線
ボクはイオン、ボクの電気はプラスだからマイナスの方へ行くんだ
電流
電流計

プラスの電気が流れる方向が電流の方向だよ、電子と反対方向の流れなんだ

10章　放射線をもっとさぐってみよう！

10.17 放射線は蛍光物質を光らせる

　レントゲン博士がＸ線を発見したのは、蛍光作用と写真作用によってでした。ラザフォード博士はアルファ線を使って原子核の存在を実験的に初めて証明しましたが、そのさい、硫化亜鉛の蛍光体を用い、暗闇で慣らした眼でアルファ線を数えたのは有名な話です。

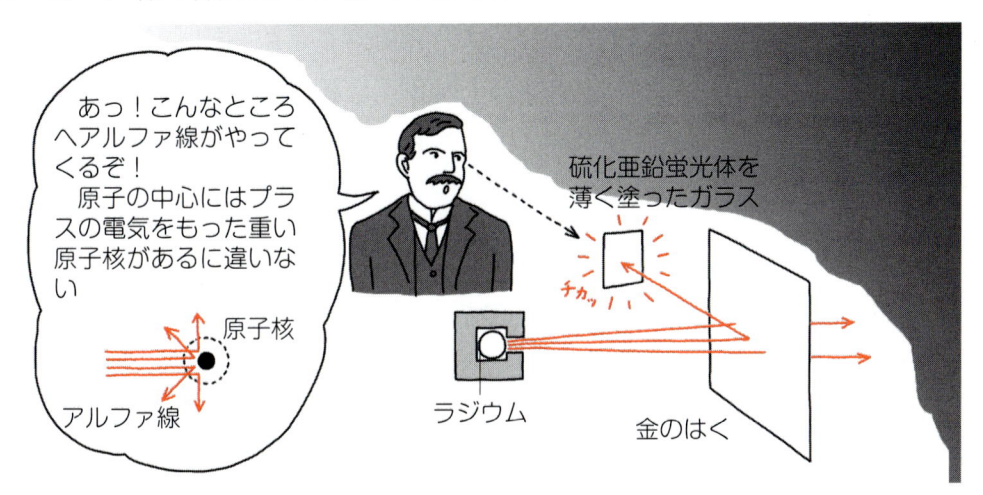

（図：ラザフォード博士の思考「あっ！こんなところへアルファ線がやってくるぞ！原子の中心にはプラスの電気をもった重い原子核があるに違いない」／原子核／アルファ線／ラジウム／硫化亜鉛蛍光体を薄く塗ったガラス／金のはく）

　現在では、ヨウ化ナトリウム結晶、プラスチック、硫化亜鉛、液体の蛍光体などと光電子増倍管とを組み合わせた感度の高い**シンチレーションカウンタ**が使われています。

10.18 放射線はフィルムを感光させる

　放射線が写真の乳剤の中を通過すると電離や励起を起こし、その結果、乳剤が化学変化し、現像すると黒化します。レントゲン博士もベクレル博士も、放射線の写真作用を利用して大発見をしたともいえましょう。宇宙線の研究にも写真乾板が盛んに使われました。

　写真は、植物にリン肥料が吸収される様子を調べるためにリン-32 というラジオ

オートラジオグラフ
（茅野充男博士提供、「新ラジオアイソトープ講義と実習」、丸善（1988）より）

10章 放射線をもっとさぐってみよう！

アイソトープを肥料に混ぜ、根から吸収させたものを写真フィルムに密着させて得られたものです。

10.19 放射線は化学変化を引き起こす

放射線があたって電離や励起が起こった後、化学変化が引き続いて起こる場合がよくあります。とくに、高分子化合物に対する放射線の作用は注目されています。高分子に対する放射線の化学作用は**橋かけ（架橋）反応**と**分解反応**とに大別されます。6章の6.10から6.12で紹介した製品は、放射線による橋かけ反応を利用したものです。

放射線があたると温度を上げなくても分子の化学状態が変わるんだよ

あら 分子と分子がくっついたわ

放射線

架橋

分解

長い分子

長い分子が途中で切れることもあるよ

10.20 核分裂とは？

ウランなどの重い原子核に中性子が当たると、原子核が二つに壊れるとともに、いくつかの中性子が放出されることがあります。これを**核分裂**といいます。核分裂のときに出てくる中性子が別のウランの原子核に当たると、核分裂を次々に引き起こすようにすることができます。これを核分裂の**連鎖反応**といいます。燃料に火をつけると、次々に燃えていくのと同じです。

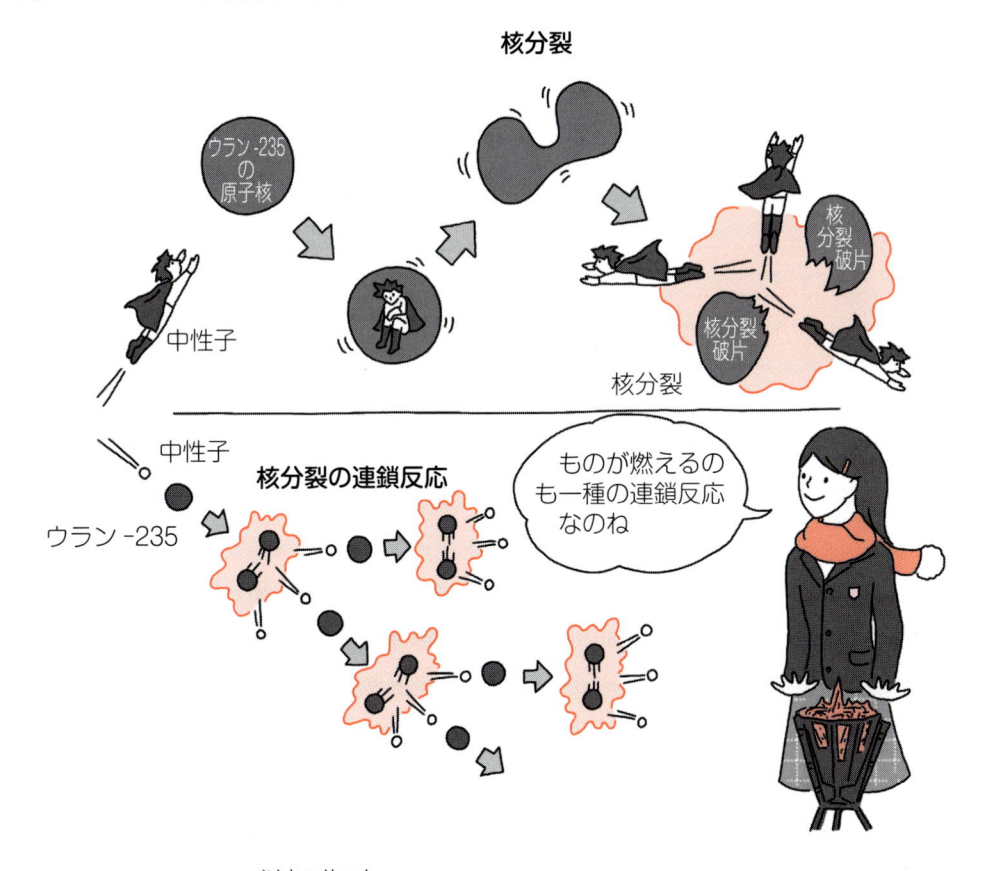

核分裂

ウラン-235の原子核

中性子

核分裂破片

核分裂の連鎖反応

中性子

ウラン-235

ものが燃えるのも一種の連鎖反応なのね

核分裂でできた分裂破片である原子核や中性子は大きい運動エネルギーをもっているので、核分裂の連鎖反応を利用すると莫大な量のエネルギーが取り出せます。連鎖反応を制御してゆるやかに行なわせるのが原子炉であり、急激に爆発的に行なわせるのが**原子爆弾**です。

索引（五十音順）

<あ 行>

あ
- IVR……27
- RI……7
- RIビームファクトリー……47
- アイソトープ……5,6,7
- アイソトープ（同位体）……5,76
- アクチバブルトレーサ法……45
- 厚さ計……32
- アルファ壊変……77
- アルファ線……14,77
- 安定同位体……6

い
- 硫黄計……33
- 遺伝的影響……51,57
- 医療用具……37
- イレーヌ・ジョリオ・キュリー……24
- 陰電子……78

う
- 宇宙線……16
- 宇宙素粒子研究施設……47

え
- X線……3,12,22
- X線CT検査……27
- X線造影検査……27
- X線透視……27

<か 行>

か
- 害虫絶滅……41
- 外部被ばく……49
- 壊変……6,8
- 核医学検査……29
- 核種……76
- 確定的影響……51,52
- 核分裂……89
- 確率的影響……51,53
- 核力……76
- ガスクロマトグラフ……39
- 加速器……23,25
- 荷電粒子放射線……3
- カリウム-40……20,59,77
- がん……30,56
- ガンマ線……3,14,80

き
- 軌道電子……74
- 急性影響……51,55
- キュリー夫人……13,18
- 局部被ばく……50

く
- グレイ（Gy）……48

け
- 蛍光X線分析法……39
- 蛍光ガラス線量計……63
- 蛍光物質……87
- 計算法……64
- ゲルマニウム半導体検出器……86
- 原子核……74
- 原子核反応……24
- 原子……73,74
- 原子爆弾……89

こ
- 光子……82
- 国際放射線防護委員会（ICRP）……66
- 国連科学委員会（UNSCEAR）……60
- 個人線量計……63

	コバルト-60……………………24		炭素-14……………………20, 59
<さ 行>		ち	中性子………………………24, 75
さ	サイクロトロン………………23		中性子線………………………2, 3
	最適化…………………………67		中性粒子放射線…………………3
	三重水素………………………6, 8		直線加速器……………………30
し	GM計数管……………………86	て	電子……………………………74
	J-PARC………………………47		電子線硬化塗装………………36
	しきい線量……………………52		電磁波…………………3, 22, 82
	しきい値……………………52, 54		電磁波放射線……………………3
	しきい値がないと仮定する影響		電離……………………………3, 85
	………………………………53, 54		電離箱…………………………86
	しきい値のある影響………52, 54	と	同位体……………………………5
	自然放射線…………………51, 59		透過力…………………………84
	質量数…………………………76		トレーサ………………………11
	消滅放射線……………………80		トレーサ法……………………42
	食品照射………………………38	<な 行>	
	身体的影響……………………51	な	内部被ばく……………………49
	診断で受ける放射線…………61	に	仁科芳雄博士…………………23
	シンチレーションカウンタ…87	ね	熱ルミネセンス線量計（TLD）…63
	シーベルト……………………49		年代測定………………………43
す	SPring-8………………………47	<は 行>	
せ	正当化…………………………67	は	バイオアッセイ法……………64
	生命科学………………………42		白内障…………………………56
	雪量計…………………………32		橋かけ（架橋）………………35
	全身被ばく……………………50		橋かけ（架橋）反応…………88
	潜伏期…………………………56		白血病…………………………56
	線量限度………………………67		発泡ポリオレフィン…………35
<た 行>			発芽防止………………………38
た	体外計測法……………………64		半減期………………………8, 43
	耐熱性電線……………………35		晩発影響……………………51, 56
	単純X線撮影…………………26		反粒子…………………………80

ひ	ピエール・キュリー博士……………13			放射線漏れ………………………………83
	光刺激ルミネセンス（OSL）			放射能………………………………10,13,83
	線量計…………………………63			ポケット線量計……………………63
	非破壊検査………………………………31	<ま　行>		
	被ばく………………………………………49	み	ミリシーベルト………………………49	
	被ばくの限度…………………………68	<や　行>		
	比例計数管……………………………86	よ	陽イオン…………………………………85	
	品種改良…………………………………40		陽子…………………………………………75	
ふ	フレデリック・ジョリオ夫妻……24		陽子線……………………………………25	
	分解反応…………………………………88		陽電子……………………………………78,79	
へ	ヘヴェシー………………………………11		陽電子壊変……………………………79	
	ベクレル…………………………………10	<ら　行>		
	ベクレル博士…………………………13	ら	ラザフォード博士……………………14	
	ベータ壊変……………………………78		ラジウム…………………………………13,18,19	
	ベータ線…………………………………14,78		ラジオアイソトープ	
	ベータ線粉塵計……………………33		……………6,11,24,28,29,42,77	
	ベータプラス壊変…………………78		ラドン………………………………………19,20	
	ベータマイナス壊変………………78	り	リニアック………………………………30	
	PET検査…………………………………29,80		粒子……………………………………………3	
ほ	放射化……………………………………25	れ	励起…………………………………………3,85	
	放射化分析法…………………………45		励起状態…………………………………80	
	放射性医薬品…………………………28		レベル計…………………………………31	
	放射性同位体……………………………6		連鎖反応…………………………………89	
	放射性物質……………………………10		レントゲン博士………………………12	
	放射性物質漏れ……………………83			
	放射線管理区域……………………69			
	放射線業務従事者…………………68			
	放射線取扱主任者…………………69			
	放射線発生装置……………………23			
	放射線防護……………………………49			
	放射線滅菌……………………………37			

編集後記

今回の改訂では、初版の見直しについて編集委員が分担し、全体の構成、表現の統一等を委員会として検討した。全体構成、各章・節のイラスト、文章について関係の方々にご意見を伺い最終稿とした。編集委員及びご意見を伺った方は以下のとおりである。

なお、初版の執筆者及びワーキンググループの委員名を記す（所属は執筆当時のもの）。

改訂版 放射線のABC 編集委員会
- 委員長　森　千鶴夫（愛知工業大学）
- 委　員　飯本　武志（東京大学）
- 　　　　井上　浩義（慶應義塾大学）
- 　　　　白川　芳幸（放射線医学総合研究所）
- 　　　　高淵　雅廣（大阪医科大学）

改訂版 ご意見をいただいた方
- 石榑　顕吉（日本アイソトープ協会常務理事）
- 井戸　達雄（日本アイソトープ協会常務理事）
- 小島　周二（東京理科大学）
- 佐々木康人（日本アイソトープ協会常務理事）
- 中西　友子（東京大学）

イラストレーター
- 石川　ともこ

初版 執筆者
- 石山　稔雄（大放研）
- 大熊　重三（大阪大）
- 栗原　紀夫（京都大）
- 高淵　雅廣（大阪医科大）
- 辻本　忠（京都大）
- 豊田　亘博（日本メジフィジックス）
- 真室　哲雄（日本アイソトープ協会）
- 三木　良太（近畿大）
- 三奈木康夫（マルホ）
- 森　五彦（神戸女子薬科大）
- 山下　仁平（大阪大）

初版 編集ワーキンググループ
- ○真室　哲雄（日本アイソトープ協会）
- 　川上　猛雄（武田薬品）
- 　高淵　雅廣（大阪医科大）
- 　辻本　忠（京都大）
- 　友定　昭宏（日本アイソトープ協会）
- 　豊田　亘博（日本メジフィジックス）
- 　（○　主査）

改訂版 放射線の ABC

1990(平成 2)年 3 月25日	初 版 第 1 刷発行
2011(平成23)年 3 月22日	改訂版第 1 刷発行
2011(平成23)年 8 月10日	改訂版第 2 刷発行
2017(平成29)年 4 月 1 日	改訂版第 3 刷発行
2022(令和 4)年 8 月 1 日	改訂版第 4 刷発行

編 集　公益社団法人
発 行　日本アイソトープ協会

〒113-8941　東京都文京区本駒込二丁目28番45号
電 話　代表 (03) 5395-8021
　　　　学術 (03) 5395-8035
E-mail　s-shogai@jrias.or.jp
URL　https://www.jrias.or.jp

発 売　丸善出版株式会社
〒101-0051　東京都千代田区神田神保町2-17
電 話 (03) 3512-3256
URL　https://www.maruzen-publishing.co.jp/

© Japan Radioisotope Association, 2011 Printed in Japan

印刷・製本　株式会社恵友社

ISBN978-4-89073-212-8 C1040